해군부사관 실무론

박영광

도서출판
진영사

해군부사관실무론

박영광

2019년 01월 21일 초판 인쇄
2019년 01월 25일 초판 발행

발행인 박 진 영

발행처 도서출판 진영사
인천광역시 부평구 갈산동 185번지 풍진빌딩 303호
전화 : 032)505-4207
팩스 : 032)505-4206
E-mail : 0183734207@hanmail.net
등록 : 122-91-77317

ISBN 978-89-6541-410-0 93390
값 10,000원

머리말

부사관은 과거 선배님들의 피땀 흘려 얻은 노력의 산물이자 명예로운 이름이다. 부사관은 부대의 중심으로 부대의 전통을 계승하며 첨단 과학 기술 중심의 무기체계를 운용해야 하는 중요한 위치이다. 최근 국방개혁에 따른 전력구조 개편과 병력구조 변화 등 군 구조 변화에 따라 부사관의 역할이 중요한 시기가 되었다. 특히 병력구조 변화에 따라 상비 병력을 감축하고 이를 대처하기 위하여 비 전투부대에서 전투부대로의 간부 보강계획은 전문 기술을 습득한 부사관의 중요성을 더욱 높이게 되었다.

전문기술과 지식을 가진 우수한 부사관을 양성하기 위하여 각 군에서는 우수한 인력을 획득해야 함은 물론이고, 전문성이 높은 인력을 선발하기 위하여 노력하고 있다. 그리하여 각 군에서는 우수인재를 획득하기 위하여 고등교육기관인 전문대학과 협약을 통하여 우수인재를 획득하고 있으며, 점차 확대할 계획을 가지고 있다.

또한 해군은 국방개혁에 따라 신형상륙함 및 신형군수지원함 등 대형함정의 취역과 최신의 이지스급 구축함, 3,000톤급 잠수함 등 기동함대 창설에 따라 연안해군에서 대양해군으로 작전범위가 넓어짐에 따라 첨단장비를 운용해야 하는 부사관의 중요성이 더욱 커지고 있다. 따라서 해군에서도 우수인력을 확보하기 위하여 전문대학에 기술부사관과를 개설 및 협약을 통하여 미리 해군관련 전문교육을 이수시켜서 맞춤형 인력을 확보하려고 하고 있다.

하지만 부사관은 고등학교만 졸업하여도 지원이 가능하기 때문에 군이 전문대학 이상의 학력이 있어야 하느냐고 많은 지원자들이 물어보게 된다. 그러나 현재 장기복무에 선발된 부사관을 살펴보면 고등학교 졸업 후 임관한 부사관보다 전문대학 이상의 학교에서 전문기술과 지식을 갖춘 부사관이 장기복무에 유리한 시대가 되고 있음을 명심해야 한다. 임관은 누구나 할 수 있지만 장기복무는 선택된 자들만 할 수 있다. 바로 강한 자가 살아남는 것이 아니라 끝까지 살아남은 자가 강한 것이라는 말처럼 말이다.

이렇듯 부사관에 대한 교육과 학문적 연구의 필요성이 증대됨에 따라 그동안 많은 학자들의 노력으로 많은 부사관관련 책자들이 발간되었다. 그러나 각각의 책자는 우리나라의 대부분을 차지하는 육군위주의 책자로 편성되었고, 해군과 공군에 대한 책자가 있어도 자료와 정보가 부족하여 기초연구가 충분하지 못한 한계가 있었다. 따라서 이 책은 저자의 해군부사관의 11년 경험을 중심으로 편성하였으며, 해군부사관학군단의 교수로 재직하면서 해군부사관에 관심이 많은 학생들의 상담내용을 토대로 궁금해 하고, 반드시 알아야 하는 정보들을 토대로 정리하였다.

이에 따라 제 1장에서는 해군의 역사에 대하여 왜 해군이 중요한지, 해군의 변천사와 해군만의 전통과 예절에 대해 살펴보았다. 제 2장에서는 우리나라 해군부사관에 대하여 역사와 특징 그리고 해군부사관만의 계급구조, 해군주임원사에 대하여 살펴보았다. 제 3장에서는 해군부사관으로 실무에서 어떤 역할을 감당하고 임무는 무엇인지에 대하여 살펴보았다. 제 4장에서는 미래의 해군부사관은 어떤 역할을 감당해야 하고 앞으로의 위상은 무엇인지에 대하여 살펴보았다. 또한 부록으로 해군 함정의 종류와 해군으로 가장 많이 필요한 1직군 항해 직별에 대한 소개, 특수 임무를 맡은 부사관 등 여러 읽을거리를 준비하여 해군 부사관 면접 시 필요한 정보를 소개하였다.

그러나 해군부사관 실무에 관한 책자를 집필하면서 부족한 점이 많이 있으리라 생각한다. 부족한 점에 대해 부끄럽지만 현명한 독자 여러분의 아낌없는 조언을 보내준다면 더욱 더 완성된 교재가 되도록 노력을 지속해 나갈 것을 약속드립니다.

본서가 나오기 까지 수많은 분들의 도움이 있었기 때문에 가능함을 밝히고 훌륭한 교재가 출간될 수 있도록 도움을 주신 진영사 박진영 대표님 이하 진영사 식구 모든 분들께 감사드립니다.

2019년 1월

박 영 광 씀

목 차

제1장 해군의 역사

제2장 대한민국 해군부사관

제3장 해군부사관 실무

제4장 미래의 해군부사관

부 록

Chap. 1

해군의 역사

1. 해군의 중요성
2. 해군의 전통과 예절
3. 해군의 역할

제1장 해군의 역사

1. 해군의 중요성

가. 해군의 역사와 중요성

해군의 역사는 바다의 역사와 비슷하다고 볼 수 있다. 과거 육상에 있던 사람들이 바다 건너에 있는 섬이나 타 국가를 개척을 위해 이동수단으로 배가 발전하게 되고, 이를 통한 무역으로 수익을 창출하기 시작하게 되면서 물건을 보호하기 위하여 배에 무장을 시작하면서 해군이 생겨났다고 할 수 있다.

고대부터 해군력은 국가의 흥망성쇠를 좌우한다고 할 수 있다. 과거 대영제국이 '해가 지지 않는 나라'라는 별명을 얻게 된 것은 해군력을 바탕으로 세계 곳곳에 식민지를 건설하였기 때문이라는 것은 잘 알고 있는 사실이다. 또한 아시아에도 과거 러시아와 청나라가 황해해전, 대마도해전 등에서 일본에게 패함으로 인하여 국가 멸망의 비운을 맞이한 것은 우리가 잘 알고 있는 사실이다.

우리나라 역시 해군력을 충분히 갖추었을 때에는 나라가 부강해지고 전성기를 누렸지만 해군력이 약해졌을 때에는 국운이 쇠하고 외세의 침략에 무참히 당할 수밖에 없던 역사적 경험을 가지고 있다.

나. 우리나라 고대의 해군

우리나라는 3면이 바다로 둘러 쌓여있다. 따라서 해상 교통의 비중이 높을 수밖에 없으며, 더불어 해군의 역사도 상당히 발달하였다.

먼저 백제는 4세기 중반 근초고왕 시대에 수군을 정비하여 중국의 요서, 산동 지역과 일본의 규슈 지역까지 진출하여 동남아시아 해상왕국으로 발전하였으며 우수한 조선기술을 바탕으로 동아시아 바다를 장악하여 해상을 통한 무역과 문화교류의 중심 역할을 함으로 아시아의 바이킹이라 불릴 정도의 위용을 떨쳤다.

발해의 무왕은 732년 육군으로 당의 요서 지방을 공격하면서 장문휴가 이끄는 수군을 동시에 파견하여 당의 등주(산둥반도)를 공격하였고, 신라는 문무왕 18년 선박관련 업무를 전담하는 선부를 설치하여 관리하였다. 또한 신라의 장보고가 설치한 청해진을 통하여 한반도와 중국·일본에 걸치는 대규모 해상세력을 구축하였다.

고려시대에는 고대 한국사에서 유일한 해양 세력이 가장 활발한 국가라 할 수 있다. 하나의 예로 지방에서 조세로 수취한 미곡을 수도 개경으로 운반하기 위하여 강이나 바다를 통한 해상루트를 이용하였다. 또한 13세기 몽골 제국의 침략 시 수도를 강화도로 옮긴 이유도 해양력이 강하기 때문에 해양력이 약한 몽골을 피하기 위하였다. 또한 고려시대에는 세계 해전사에서 최초로 화포를 사용한 최무선의 진포해전(1380년)이 있다.

조선시대에 들어와서는 초기에 고려의 수군 체제를 유지, 강화하여 세종 1년 삼도도통사 류정현과 삼군도체찰사 이종무를 통하여 남해안에 출몰하는 왜구의 본거지인 쓰시마 섬을 정벌하였다. 하지만 당시 고려와 조선의 수군은 바닷가 여러 고을의 수상생활을 주 업으로 하는 주민을 수병으로 차출하여 군역을 부여하였으나 해상생활의 어려움과 수군으로 군역을 하는 것보다 육지로 군역을 근무 하는 게 더 유리하여 수군을 기피하게 되었다. 이 결과 조선 초기의 수군은 약해지게 되었고 임진왜란에서 일본의 침략을 받게 된다.

하지만 임진왜란 당시 전라좌수사였던 이순신의 거북선 건조와 수군 강화를 통하여 국난을 이겨내게 되었다. 이를 통해 조선 후기는 평화의 시기로 조정에서 수군에 대한 실효성 논란과 감축론 등으로 인하여 군선 감축 및 수군의 약화로 이어졌다. 그래서 19세기 영국의 예비역 해군 대위가 조선의 수군을 근대식으로 전환시키려고 하였으나 청일전쟁과 일본 측의 방해로 폐지되었다.

다. 우리나라 근대의 해군

1945년 광복 직후 손원일을 중심으로 해사협회를 발족하고, 같은 해 11월 11일 해군의 모체인 해방병단(海防兵團)을 결성하였다. 해방병단은 1946년 6월 15일 조선해양경비대로 개칭하였으며, 1948년 8월 15일 대한민국 정부시립에 따라 1948년 9월 5일 대한민국 해군으로 정식 발족하였다.

한국전쟁 이전인 1945년부터 1950년까지를 해군의 창군기라 칭한다. 당시 해군의 함정은 미국에서 구입한 백두산함(701함) 1척과 소해정 26척, 수송함 2척, 기타 4척 등 총 33척의 군함을 보유하였다. 또한 해군의 순수 병력은 약 6,900여명 이었다.

한국전쟁(1950년 ~ 1953년) 당시 해군의 활약으로는 한국전쟁 발발 6월 25일과 26일 사이 대한해협에서 벌어진 대한해협 해전이 있다. 대한해협 해전은 북한군 무장병력 600여 명을 태운 수송함이 부산으로 상륙하기 위하여 남하하는 것을 백두산함이 발견하여 격침시킨 전투이다.

그림 1-1 백두산(701함)함

이를 통하여 우리는 한국전쟁 최초의 승전으로 기록될 뿐만 아니라 발견을 하지 못하였을 경우 남해안에 입을 막대한 피해를 예방하는 성과를 거두었다. 또한 1950년 8월 17일 한국 해군 단독작전인 통영상륙작전에서 해병대가 혁혁한 전과를 거두어 전 세계에 '귀신 잡는 해병대'라는 별명을 얻게 되었다. 인천상륙작전에도 우리 해군이 참가하여 서울 수복을 하는데 동참하였다.

한국전쟁 후 해군은 대대적으로 발전하게 된다. 먼저 작전사령부의 모체인 한국함대를 창설하여 한국 해역을 독자적으로 방어하기 위한 기틀을 마련하였으며 한·미 상호방위조약에 따른 새로운 함정을 미국으로부터 도입하기 시작하였다.

1974년 자주국방의 기틀을 마련하기 위하여 대한민국 국군의 전력증강사업으로 시작한 '율곡사업'을 통하여 해군은 본격적으로 전력증강을 추진하였다. 율곡사업은 한국군 전투력 증강계획으로 군무기·장비의 현대화 작업이라는 목표를 가지고 1995년까지 이어온 국가사업이다. 율곡사업을 통하여 전투함과 유도탄 확보 및 국내기술에 의해 호위함(FF) 및 초계함(PCC), 고속정 등을 건조하기 시작하였다.

라. 현대의 대한민국 해군

현대 대한민국 해군은 연안을 벗어나 대양해군으로 진출을 위한 태동기라고 할 수 있다. 특히 잠수함전력의 대표적인 1,800톤급 잠수함(214급) 및 3,000톤급 잠수함(중형급)과 수상함전력의 대표적인 한국형 구축함(DDH-Ⅰ, Ⅱ) 및 신의 방패라 불리는 이지스급 구축함(DDG)을 우리 기술로 건조하기 시작하였으며, 19,000톤급 대형수송함(LPH), 23,000톤급 군수지원함(AOE-Ⅱ)도 국내 기술로 건조하였다. 항공전력으로는 고정익인 초계기(P-3C), 회전익인 대잠헬기(LYNX, AW159)등을 보유하였다. 따라서 수상·수중·항공의 입체전력으로 기동전단의 면모를 갖추기 시작하였다.

또한 연안 해역을 방어하는 연안해군에서 동티모르 상록수 부대(2000년), 인도네시아 제중부대(2005년), 아덴만 청해부대(2009년 이후)등 파병을 통하여 다국적군 및 국제 평화유지활동에 동참을 하여 국제사회에서의 위상을 높이고 있다.

2. 해군의 전통과 예절

해군은 바다에서 생활하기 때문에 육상과는 다른 특성이 있다. 그 중 대표적인 것이 함정을 하나의 국가로 여기는 것이라 할 수 있다. 또한 전 세계 해군이 비슷한 전통과 예절을 가지고 생활하기 때문에 어느 나라의 함정을 탑승하더라도 공통의 전통과 예절을 가진다고 생각하면 된다.

따라서 해군은 전통과 예절을 중시하는 조직이다. 오랜 시간동안 만들어진 훌륭한 전통은 해군이 단결이 될 수 있는 자극제가 되었고, 조직을 발전시키는 원동력이 되었다. 또한 해군의 일원임을 나타 날 수 있는 유니폼은 전 세계가 거의 동일하다시피 한 고유의 전통이자 예절이라 할 수 있다.

보수성이 강한 해군의 특징으로 인하여 자랑스러운 해군의 전통과 예절은 후대까지 이어지겠지만 때로는 바람직하지 못한 관습과 전통이 전해질 수 있다. 따라서 해군부사관으로 훌륭하고 올바른 전통과 예절을 후대에 전하는 것도 부사관의 역할이다.

가. 진수식과 취역식

진수(進水)라 함은 새로 만든 배를 물에 처음 띄운다는 뜻을 가지고 있다. 과거에 진수식은 하나의 종교의식으로 바다의 신에게 안전항해를 기원하면서 종교의식과 더불어 물에 처음 띄우면서 시작하였다.

특히 과거 타히티에서는 진수식에 신을 달래기 위하여 인간의 피를 뿌리는 관습이 있었는데, 근대에 들어서면서 포도주를 의식에 사용하는 것으로 지금까지 전해지고 있다. 민간선박의 진수식에서도 선박이 진수할 때에 선수 또는 선미에 포도주병을 깨는 의식을 거행하고 있으며, 최근에는 샴페인, 물, 물과 포도주의 혼합액을 사용하거나 비둘기를 날리는 의식, 여러 사람이 여러 병을 깨는 등 다양하게 변화되어왔다.

취역(就役)은 새로운 함정이 정식으로 해군으로부터 임무를 부여받는 행사이다. 쉽게 말해서 조선소에서 함정을 건조하여 시범운항까지 완료한 후 해군소속으로 전환을 하여 해군의 함정으로 정식적으로 활동하게 되는 것을 말한다.

과거 17세기 영국과 네덜란드 전쟁시 네덜란드 함대의 트롬프 제독은 영국을 빗자루로 쓸어버리겠다는 의지로 함선의 마스트에 빗자루를 거꾸로 메달았고, 영국은 말채찍을 매달아서 네덜란드 함대를 응징하겠다는 표시를 하였다는 유래가 있다. 따라서 현대 해군에서는 비슷한 뜻으로 최고도의 전투 준비태세를 유지한다는 뜻으로 해군의 세력으로 편입될 때 취역기를 마스트에 게양하는데, 이 취역기는 함정이 수명을 다하여 퇴역할 때까지 게양하고 있는 상징물의 하나이다.

나. 현문예절

현문(Gangway)은 함정을 탑승하기 위해서는 유일한 출입문으로 함정의 대문과 같고, 현문을 통과해야만 함정에 출입을 할 수 있다. 또한 대부분의 현문이 있는 곳은 함정의 함미부분에 위치하고 있다. 함미갑판에는 해당국가의 국기가 게양되어 있기 때문에 함미갑판을 예식갑판으로 칭하며 신성한 의례를 하는 장소로 삼고 있다. 따라서 현문 주위에서는 언제나 예절을 준수해야 한다.

- 모든 승·하함자는 현문 통과시 국기에 경례를 해야 한다. 승함시에는 국기에 먼저 경례를 하고, 현문 당직사관에게 경례를 한다. 하함시에는 현문 당직사관에게 먼저 경례를 하고 국기에 경례를 한다.
- 단체로 현문을 출입하는 경우는 각자 국기에 경례를 하고 현문 당직사관에게는 인솔책임자만 단독경례를 한다.
- 현문 근처에서 주머니에 손을 넣고 있으면 안 된다.
- 현문 근처에서 난잡한 행동을 하면 안 된다.
- 특별한 용무 없이 현문 부근에 있으면 안 된다.
- 탈모하거나 내의만 입고 현문에 나오면 안 된다.
- 현문에서 흡연을 하면 안 된다.
- 용무 없이 단정을 현문에 계류해서는 안 된다.

다. 예포

해군에서 정중하게 경의를 표하는 예법으로 상대방에게 자신이 무장해제 되었음을 나타내는 의식에서 유래되었다. 예포는 17세기 영국에서 싸움에서 이긴 쪽에 대한 경의와 패배한 쪽의 무장해제의 상징으로 시작되었다고 한다. 최대 발사 탄수는 21발로 당시 가장 큰 무장함이 21문의 포를 가졌던 것으로 예포의 발사 수는 최고 21발을 발사하는 것으로 유래되었다.

예포의 발사탄수는 모두 홀수이다. 이것은 고대로부터 바닷사람들에게 내려온 미신으로서 관습화된 것인데 홀수를 준수하지 않으면 배에 승조한 중요한 인물이 항해 중에 사망하게 된다고 해서 유래된 것이다. 예포는 귀빈 영접 시 발포 하는데 발사기준은 다음과 같다.

- 대통령, 외국원수 : 21발 - 국방부장관, 각 군 참모총장, 대장, 국무위원 : 19발 - 국회상임위원장, 차관, 중장 : 17발 - 소장 : 15발 - 준장 : 13발 - 대리대사, 총영사 : 11발

표 1-1 예포발사 기준

라. 길차려와 길비켜

함정은 제한된 공간에서 생활을 해야 한다. 특히 함정은 통로가 좁기 때문에 상호통과 시 상급자가 원활하게 지나갈 수 있도록 하급자는 '길차려'로 경례를 대신할 수 있다.

방법은 상급자를 가장 먼저 본 승조원이 '길비켜'라는 구호를 외치며 상급자가 지나갈 수 있도록 벽에 차렷 자세로 예의를 표하고, 뒤 따라오는 사람은 별다른 구호를 외칠 필요 없이 '길차려'자세를 취하면 되는 것이다.

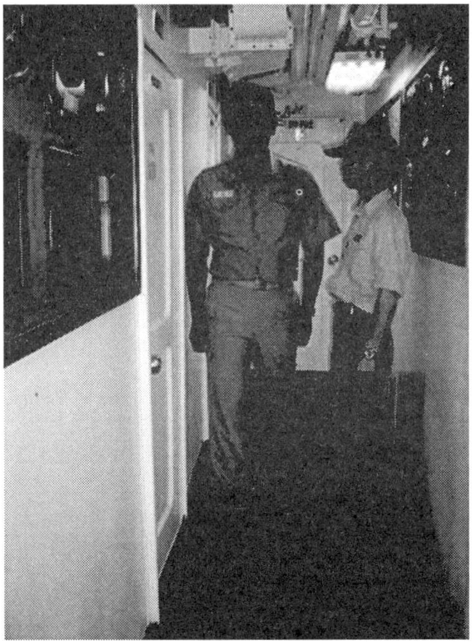

그림 1-2 함상 길차려

마. 사관실 예절

사관실은 장교의 회의장소, 식사 및 휴식장소로 활용되고 있다. 또한 함정에 손님이 오거나 연회 장소로도 이용되기 때문에 사관실에 출입을 위해서는 예절을 잘 지켜야 한다.

- 단정한 근무복 또는 정복을 착용하지 않고 사관실에 들어가지 말 것. 단, 편한 복장으로 출입을 허가 받았을경우에는 체육복에 운동화를 착용할 수 있다.
- 사관실에서는 탈모할 것.
- 방문자는 사관실 책임장교 또는 사관실 당번병의 안내에 따라 출입을 해야 한다.
- 사관실에서 개인적인 소동을 일으킨다던지 기타 시끄러운 일은 없도록 할 것.

그림 1-3 사관실 전경

바. 함교 예절

함교는 항해 중 일과를 집행하고 조함을 하달하는 가장 중요한 장소이다. 따라서 당직자를 제외하고 함교당직사관의 허락이 없이는 출입이 제한된다. 함교 당직자도 항상 엄숙하고 단정한 복장으로 근무를 하여야 하며 출입 시 항상 모자를 착용하여야 한다. 또한 함교는 함장이나 함교당직사관이 항해 및 함정에 관련된 상황을 정확하고 신속하게 파악하기 위하여 정숙에 최선을 다하여야 한다.

- 함교의 함장좌석은 함장 외에는 누구도 앉을 수 없으며 항상 청결을 유지하여야 한다.
- 함교는 함교당직사관이 상황파악 및 항해에 지장이 없도록 정숙해야 한다.
- 함교에서는 음식물을 반입 취식하는 행위를 금한다. 단, 항해 중 차, 음료수는 허용될 수 있다.
- 함교 출입 시 단정한 복장 및 언행을 사용해야 한다.

3. 해군의 역할

국군조직법 제3조(각 군의 주 임무 등)에 해군은 상륙작전을 포함한 해상작전을, 해병대는 상륙작전을 주 임무로 하고 이를 위하여 편성되고 장비를 갖추며 필요한 교육·훈련을 한다고 명시되어있다.

이처럼 해군은 대한민국 국군의 하나이고, 3군 중 가장 적은 병력을 보유하고 있는 군이다. 하지만 해군은 함정을 통하여 국민의 생명과 재산을 보호하는 중요한 역할을 감당하고 있다. 따라서 타군과 동일하게 해군은 평시와 전시의 역할이 나누어져 있다.

먼저 해군의 전시의 역할을 살펴보면 다음과 같다.

첫째, 해양통제의 역할을 감당하고 있다.

해양에서 접근하는 적의 위협세력을 탐지하고 격파하여 적이 우리나라로 접근하지 못하게 할 뿐만 아니라 적의 해양활동을 차단하여 아군의 해양세력의 활동을 보장하는 역할을 하고 있다.

둘째, 해양력 투사의 역할을 담당한다.

해양력 투사란 해양 무력을 활용하여 정책을 이행할 수 있는 국가의 역량 또는 위협이라고 할 수 있다. 따라서 해군의 해양력은 장거리 유도무기, 함포체계 및 해군항공력, 상륙전력 등을 활용한 해양군사력을 바탕으로 바다에서 적의 지상으로 폭격, 포격 등 공격을 하는 것이라 할 수 있다.

셋째, 해상교통로를 보호하는 역할을 한다.

전시 상황에서의 해상교통로를 보호하는 역할은 중요한 역할이다. 왜냐하면 전쟁수행 중 필요한 식량·석유·군수물자와 병력 등을 수송하는데 필요한 해상교통로를 활용하는 것이 승패를 좌우할 수 있기 때문이다. 또한 적의 해상교통로를 활용한 수송을 파괴함으로 인하여 전쟁수행능력을 약화시켜 아군의 승리를 도모할 수 있기 때문이다.

다음으로 평시의 역할 살펴보면 다음과 같다.

첫째, 전쟁을 억제하는 역할이다.

강력한 해군력을 보유하고 그 해군력을 바탕으로 우리 해역을 지키고 있을 경우 적의 도발을 억제할 뿐만 아니라 안정된 안보상황을 유지할 수 있다. 전쟁이 발생하게 되면 많은 인명과 재산이 손실하게 된다. 따라서 안정된 안보상황을 위해서라도 강력한 해군력을 통하여 주변국가의 도발 의지를 억제시켜야 한다.

둘째, 해양에서 우리나라의 주권과 권익을 보호한다.

우리나라 해역에서 일어나는 각종 분쟁이나 마찰을 방지하고 예방하여 어업종사자의 생계를 유지한다. 또한 해상교통로를 보호하여 우리나라를 대상으로 하는 해상테러나 해적행위를 사전에 차단을 한다. 뿐만 아니라 우리나라 국민이 포함된 각종 해상재난 구조 활동 및 환경오염 방지 등 감시 및 차단 업무를 한다.

셋째, 국가의 대외정책 지원 및 국위 선양의 역할을 한다.

함정은 국외로 이동시 하나의 국가와 동일취급을 받는다. 즉, 외국에서 우리함정의 행동이 우리나라의 대외정책과 동일할 정도의 대우를 받게 되어있다. 따라서 해외파병인 순항훈련, 환태평양훈련(RIMPAC) 및 기타 각종 연합해군훈련 등을 통하여 국제 평화유지 및 해군협력 활동을 하고 있다. 또한 UN 회원국으로 국제사회에 기여를 통하여 국가 위상을 제고하는 역할을 담당하고 있다.

이처럼 3면이 바다인 우리나라는 바닷길을 통한 무역 의존도가 높은 해양국가라 할 수 있다. 따라서 이러한 해상교통로를 보장하기 위하여 강력한 해군력으로 국가의 안전과 번영을 보장 할 수 있도록 해군의 역할을 잘 감당하여야 한다.

Chap. 2

대한민국 해군부사관

1. 해군부사관의 역사
2. 해군부사관의 특징
3. 해군부사관의 계급구조
4. 해군 주임원사

제 2 장 대한민국 해군부사관

1. 해군부사관의 역사

가. 부사관의 역사

부사관은 중세시대 로마군의 프린키팔라스(Principalis; 십부장)를 부사관의 시초라 할 수 있다. 프린키팔라스는 '로마군 10명을 지휘한다.' 하여 불린 직책이며 당시 로마군의 지휘관급인 캡틴(Captain; 100~600명을 지휘)을 보좌하여 행정 · 군수 · 군기 · 교육훈련 등의 임무를 담당하였다.

BC 3세기 그리스에는 엄격한 신분사회로 인하여 신분격차가 심하였다. 따라서 힘의 논리에 따라 사회 곳곳이 부패하기 시작하였는데 이에 대항하는 계층이 바로 제논(Zenon, B.C 340~250)의 스토아학파였다. 이들은 금욕과 극기를 통하여 자연에 순응하는 생활을 이상으로 내세웠다. 또한 스토아학파의 사상적 배경은 부사관의 시초라 할 수 있는 프린키팔라스의 정신에 영향을 주었다고 할 수 있다.

하지만 로마가 몰락하고 중세봉건시대까지는 부사관 제도가 거의 사라지게 되었다. 그 이유는 봉건시대에는 국왕이 영주나 제후에게 봉토를 나누어 주어 분할 통치를 함에 따라 상하관계 또는 주종관계가 성립되기 때문이다. 그러나 군대를 통솔하는 기사와 농노들을 잇는 중간계층이 필요하게 되었으며 중간 간부계층으로 'Sergeant'라는 기사작위 바로 아래의 계급을 만들게 되었다. 이 계급의 생성으로 병졸을 지휘하는 중간 간부계층이 만들어지게 되었다. 이 'Sergeant'들이 병사들의 교육훈련과 병영생활을 지도하기 시작하였으며 기사들을 보좌하여 전투 시에도 최일선에서 전투를 하는 등 역할을 담당하게 되었다.

이러한 'Sergeant'제도를 15세기 프랑스군에서 도입하여 적용하기 시작하였고 영국왕실이 왕실 경호대에 도입함으로 영연방 국가로 확산되는 계기가 되었다.

이후 15세기 근대 이탈리아의 기본 전투부대 단위인 스콰드라(Squadra; 25명)를 지휘하는 코포럴(Corporal; 상병) 계급이 등장하면서 세계적으로 코포럴 계급부터 부사관으로 인정하는 계기가 되었다.

우리나라에서 칭하는 부사관이라는 용어는 '副士官'이라고 한자로 쓰며, '사관에 버금간다.'라는 뜻이라 할 수 있다. 영어로는 Non-commissioned officer(NCO)라고 하는데 해군은 Petty Officer(PO), Chief Petty Officer (CPO)라 칭하는 것이 해군의 차이점이라 할 수 있다.

나. 해군부사관의 역사

우리나라의 부사관제도는 고려시대로 거슬러 올라갈 수 있다. 「고려사」를 살펴보면 고려 7대왕인 목종 때 "군교(軍校)"라는 직책이 나온다. 이 군교의 직책은 고려시대 군사조직인 25명을 지휘한 직책으로 나오는데 이를 현대의 부사관과 같은 역할 및 신분으로 추정하고 있다. 하지만 고려시대 까지는 육군과 수군의 구분이 없이 통합적으로 운영되었다.

이후 조선시대부터 육군과 수군을 구분하면서 5명을 지휘하거나 25명을 지휘하는 직책이 있었다. 이 직책을 현대의 부사관 신분으로 예측 할 수 있고, 수군에서 5명 또는 25명을 지휘하는 직책을 해군부사관의 기원으로 볼 수 있다.

우리나라 군사조직의 공식적인 계급체계는 갑오개혁 이후 나타났다. 조선시대 말 1894년 고종의 '칙령 제10호'에서 부사관을 참교, 부교, 정교로 나누었고, 현대적 의미의 부사관 제도가 시작되었다.

일제 강점기 시기에는 광복군으로 군사조직이 유지되었는데, 그 당시 군사조직 중 부사관 신분을 운영하였다. 광복군의 군사조직은 독일군 제도를 모방한 하사, 이등중사, 일등중사, 이등상사, 특무상사로 부사관의 신분을 유지하며 활동하였다.

광복 이후 해군 창설 시에는 미 해군의 군사조직의 편제와 교육제도가 도입되면서 미 해군의 부사관 계급체계인 이등병조, 일등병조, 상등병조, 병조장 등 4계급이 사용되었다.

또한 창군 이후 한국전쟁 기간까지는 현역병으로 선발 하여 우수한 수병들에게 부사관교육대에서 추가적인 교육을 이수하고 하사로 진급시키는 방식을 채택하였다. 즉, 현재의 미군체계와 비슷하게 수병으로 선발하여 그 중 우수한 인재는 별도의 교육을 통하여 부사관으로 양성하였다.

한국전쟁 종료 후 1967년 3월 27일 부사관과 수병을 분리하여 양성시키는 방향으로 국가적인 제도가 개선되었다. 이 정책으로 해군 병과 부사관을 분리하여 선발하게 되고, 1968년 8월 1일 공식적인 해군부사관 1기가 임관하게 되었다.

이후 1980년 12월 군인사법 개정을 통하여 의무복무기간 및 연령정년이 개정되었다. 또한 계급체계도 개정을 하였는데 1989년 계급을 하사, 중사, 이등상사, 일등상사의 4계급 체계로 운영하였다. 이후 한 번 더 개정하여 1994년 현재의 하사, 중사, 상사, 원사의 4계급으로 명칭을 변경하게 되었다.

계급장에도 변화가 있었다. 당시 부사관 계급장은 지금의 병장 계급장 위에 「V」모형이 있었고, 위치는 현재의 수병들과 동일한 가슴에 부착하고 있었다. 하지만 부사관의 자긍심 고취와 위상을 높이기 위하여 장교의 계급장과 같은 형태로 1996년 10월 1일 변경하였다.

또한 처음부터 부사관이라 칭한 것은 아니었다. 2000년까지는 '하사관'이라 불리었고, 어감이 사관의 아래라는 의미로 해석할 수 있어서 2001년 군인사법 개정을 통하여 하사관에서 부사관이라 개칭하게 되었다. 그리고 지금까지 임용으로 사용하였던 용어를 장교와 동일하게 임관이라는 용어를 사용하게 되었다. 다만 장교와의 차이는 임관사령장에 장교는 국방부장관 명의로 수여하고, 부사관은 해군참모총장 명의로 수여하는 차이가 있다.

1999년 7월 여성인력운영 종합발전계획에 따라 2003년 10월 해군 여군부사관이 처음 임관(부사관 201기)하였고, 육상 3개 직별(군악, 전산, 헌병) 및 해상 6개 직별(전탐, 통신, 보급, 경리, 행정, 조리)로 운영하다 2012년 이후 특전, 잠수, 통정, 특정을 제외한 30개 직별에 여군을 배치하여 운영 중에 있다.

2. 해군부사관의 특징

부사관은 장교와 병 사이에 있는 신분이다. 그래서 '군대의 허리'라고 표현한다. 일반적으로 부사관의 영문명은 Non-Commissioned Officer라고 하여 약어로 NCO라고 한다. 하지만 해군부사관의 영문명은 Petty Officer라고 하여 PO라고 칭하는 게 특징이다.

우리나라의 해군부사관은 2014년 기준으로 1만7000여명이다. 따라서 해군 총병력이 약 4만여 명이기 때문에 해군의 약 42%가 부사관이라 할 수 있다. 마찬가지로 해군 함정에서 근무하는 부사관의 비율도 함 승조원 총원의 약 절반정도 된다고 할 수 있다. 잠수함일 경우 승조원이 장교와 부사관으로만 운영되기 때문에 승조원의 80%가 부사관으로 운영되고 있다. 그만큼 해군에서 부사관의 임무 및 역할은 상당한 비중을 차지한다고 할 수 있다.

결국 해군부사관이 많은 인력으로 구성되어 있는 것은 함정에서 뿐만 아니라 해군에서 중요한 역할을 감당하고 있기 때문이다. 최첨단 무기체계 및 장비를 운용하기 위해서는 부사관의 역할이 중요하다. 또한 장교와 달리 한 지역 또는 함정에 오래 근무하기 때문에 부대의 전통성을 유지하고 발전시키기에 필요한 존재라 할 수 있다.

해군부사관만의 특징은 함정에 있는 특수성이라 할 수 있다. 대부분의 해군은 함정에서 근무하고 생활한다. 이러한 함정은 출항하여 항해를 하고 있을 때 더욱 더 중요성이 나타난다고 할 수 있다. 바다에서 항해를 하고 있는 함정에서 장비에 문제가 발생할 경우 해상에서 자체적으로 수리를 하여 육지로 복귀를 해야 한다. 그러므로 그 분야에 전문성을 가지고 수리를 담당하는 역할이 부사관이라 할 수 있다. 없는 것을 창조할 수는 없어도 비상시 조치방법을 알고, 조작을 하는 것이 부사관의 특징이다.

예를 들어 병, 부사관, 장교 이 세 명이 방에서 이탈하려고 한다고 가정해보자. 장교는 지휘관으로 이탈하자고 지시 또는 명령을 하달하는 것이 임무이다. 그럼 부사관이 문을 열거나 병이 문을 열면 된다. 하지만 문이 잠겨있을 경우 병은 책임이 없기 때문에 문이 잠겨있다고 상급자에게 보고를 하는 것이 자신의 임무이다. 결국 상급자의 지시인 이탈하기 위해서는 부사관은 문을 열쇠로 열고 나가거나 부수거나, 우회해서 나가는 방법을 찾고 해결을 해주는 것이 부사관의 임무라 할 수 있다.

이러한 임무를 감당하기 위해서는 해군부사관은 자신의 분야에 대한 전문성을 가지고 전문가가 되어야 한다.

또한 해군부사관이 타군과 다른 특징은 자신이 속해있는 함정이 근무하는 사무실이라 할 수 있다. 타 군일 경우 출근을 해서 근무하는 사무실이 있다. 단지 그 사무실이 육상에 있는 건물에 있는 컴퓨터 있고, 테이블이 있는 사무실이다. 하지만 해군부사관은 사무실이 함정 내부에 있다. 왜냐하면 함정에 소속된 부사관은 항해를 나갈 경우에도 업무를 해야 하는데 업무를 할 공간이 사무실이기 때문이다.

누구나 목표가 있을 경우 그 목표에 도달하기 위하여 노력을 하게 된다. 부사관 역시 무사관의 임무를 기억하고 그 임무를 쟁취하기 위하여 전문성과 계승자로서의 역할을 잘 감당하여야 할 것이다.

3. 해군부사관의 계급구조

부사관의 계급은 하사, 중사, 상사, 원사로 나누어져 있으며 준위는 부사관 출신으로 장교와 동일한 역할을 맡는 것을 말한다. 부사관은 특정직공무원으로 하사는 9급 공무원에 준하는 대우를 받고 있다.

부사관이 되는 방법은 하사계급부터 시작을 해야 한다.

가. 하사

하사로 임관하는 방법은 3가지 방법이 있는데 첫째, 1년에 4회 모집하는 부사관후보생으로 지원하여 합격하는 방법이 있다. 이 방법은 전국단위로 경쟁을 함에 따라 그만큼 치열한 방법이다. 선발순서는 서류접수-필기시험-면접-입영 순으로 진행되며 입영 후 11주 훈련을 받고 하사로 임관하게 된다. 또한 전문대 이상 재학생을 대상으로 1년 치 학비를 지원하고, 그 지원받은 1년을 더 근무하는 군가산복무자 전형이 있다. 이들은 재학 중 학비를 지원받고, 졸업 후 선발하는 기수로 입영을 하여 훈련을 받고 임관(대부분 6월 임관) 하게 된다.

두 번째 방법은 유급지원병이라는 방법이 있다. 유급지원병은 수병으로 근무를 마치고 전역을 하지 않고 하사계급을 달고 일정기간(6개월~18개월) 복무를 하는 것이다. 이렇게 유급지원병으로 근무하는 도중 장기복무를 희망할 경우 별도의 절차에 따라 전환신청을 하게 되면 전문하사라는 별도의 호칭으로 장기복무를 할 수 있다. 다만, 유급지원병은 각 직별의 초급반을 이수하지 않았기 때문에 전환 후 초급반을 가야하고, 초급반을 수료한 대상은 일반 부사관과 동일한 경쟁으로 장기선발을 하게 된다.

마지막 세 번째 방법은 부사관학군단(RNTC[1]))으로 임관하는 방법이다. 부사관학군단은 장교학군단(ROTC)과 비슷하게 전문대학에서 1년 반의 과정의 군사교육과 입영훈련을 마치고 졸업과 동시에 학군부사관으로 임관하는 제도이다. 이 제도는 2015년 처음 신설되었으며 해군은 경기과학기술대학교 1곳에 설치되어 운영되고 있다. 선발순서는 매년 1학기에 부사관후보생 모집과 동일하게 서류접수-필기시험을 거쳐서 면접과 체력검정을 하고 선발하게 된다.

나. 중사

중사는 하사다음의 계급으로 해군은 하사 임관후 2년차부터 진급심사에 들어간다. 따라서 장기복무 선발 전 진급하는 경우도 있었다. 그러다 보니 먼저 진급한 우수한 인재가 중사 진급 후 근무평정을 제대로 받지 못하여 장기심사에 떨어지는 당황스러운 일도 생겨났었다. 그래서 최근에는 1차 진급(2년차에 진급)할 경우 장기복무 선발시 가산점 2점, 2차 진급(3년차에 진급)할 경우 장기복무 선발시 가산점 1점 등을 부여하여 장기복무 선발 확률을 높이고 있다. 해군에서 중사계급은 선임하사[2)]라고 칭하며 해당 직별의 과업을 지시하고 관리하는 역할이라 할 수 있다. 해군 중사는 영문명으로 CPO라고 불리는데 미국에서는 중사계급부터 근무복의 형태가 바뀐다. 특히 정복이 수병들과 같은 세일러복에서 현재 우리나라 부사관들이 입고 있는 정복으로 바뀐다. 하지만 우리나라는 징병제로 미국과 달리 이병에서부터 진급해서 중사(CPO)를 진급하는 것이 아니기 때문에 상사이상의 계급을 CPO라고 칭한다.

---

1) Reserve Non-Commissioned Officer Training Crop

2) 선임하사 : 육상에서는 중사라고 칭하기도 하지만 함정에서는 아직도 선임하사라는 호칭을 사용하고 있다. 원사, 상사를 직별장이라 호칭하듯이 중사를 선임하사라 부른다. 줄여서 부르는 호칭은 후배들한테 부를 때 사용하는 용어로 후배(하사이하)가 사용하면 분위기가 이상해진다.

다. 상사

상사는 중사 진급 후 5년차부터 진급심사에 들어간다. 특히 해군에서 상사 계급은 직별장이라 불리기 때문에 역할이 중요하다고 볼 수 있다. 해군에서 직별장 이란 하나의 직별의 대표하는 사람으로 해당 직별에 대한 장비운용이나 각종 비상조치 방법 등 여러 상황조치 대하여 함장님께 직접 보고 하고, 권고 할 수 있는 직책이라 할 수 있다. 또한 경비정(YUB)나 항만 지원정 등 군항 내에서만 돌아다니는 보조정의 정장으로 지휘관 휘장을 달 수 있다.

라. 원사

원사는 실질적으로 부사관의 최고 계급이라 할 수 있다. 특히 원사계급에서는 한 부대의 부사관이나 수병들을 대변하는 주임원사의 직책을 맡기 때문에 직별에서 확대된 다양한 업무를 하는 직책이라 볼 수 있다. 유일하게 부사관 계급 중 별이 달려있는 형태를 취하고 있는 계급장으로 별은 스스로 빛을 내는 완성된 천체로 부사관으로서 최고의 경륜을 상징하기도 한다.

마. 준위

준위는 Warrant Officer라고 하며 부사관의 연장선으로 부사관이 진급할 수 있는 최고의 계급이자 위관장교와 동일한 지위가 보장된 것이다. 이 준사관은 해군에서 보통 보좌관, 담당관이라고 불리며 지휘관을 보좌하며 각 직별장(원사, 상사)을 관리하는 업무를 한다. 간혹 함정의 종류에 따라 직별장으로 임명되는 경우도 있다. 준사관은 비전투정의 정장을 맡기도하고, 솔개급 공기부양정의 정장을 맡고 있다.

준사관이 되는 방법은 상사 진급 후 2년 이상 지난 부사관이 지원하여 서류심사 및 시험에 합격하여 임관하는 것이 유일한 방법이다. 따라서 젊고 우수한 인재들은 빨리 진급하여 30~40대 젊은 준위들도 제법 있다.

회전익 항공기를 조종하는 항공준사관은 상사 및 원사에서 임관하는 것이 아닌 민간 및 현역자원에서 모두 선발하고 있다. 따라서 비행교육을 받은 후 UH-1 또는 SH-60등의 조종사로 복무하고 있다. 다만 해군 항공단의 주력인 링스헬기는 아직 장교들이 조종을 하고 있다. 이 항공준사관의 의무복무기간은 비행분야의 장교와 동일한 임관후 10년이다.

4. 해군 주임원사

주임원사의 위치는 각 부대에서 부사관 및 수병을 대변하는 존재로 해군에서는 영관급 부대에 한명씩 임명되어 있다. 간혹 원사가 없을 경우 상사가 임명되어 있는 부대도 있다. 즉, 직책상 부대의 장에게 조언을 하는 특별참모 중 하나이다.

각 부대의 주임원사 이·취임식은 부대장 이·취임식 못지않을 정도로 큰 행사로 진행된다. 특히 해군 주임원사 이·취임식에는 참모총장 이·취임식과 거의 비슷한 행사가 진행된다고 생각하면 된다.

주임원사는 함정의 주임원사, 전대급 주임원사, 전단급 주임원사, 함대급 주임원사, 사령부급 주임원사, 해군주임원사 등 부대의 급에 따라 임무와 역할이 차이난다고 할 수 있다. 하지만 부대가 상하 조직에 있는 주임원사라 하더라도 주임원사들이 상하관계를 가지는 것이 아니기 때문에 업무의 강도차이라 할 수 있다.

해군 주임원사의 임무는 부대원을 대표하여 제반 부대업무에 참여하고, 부대의 전통을 계승·발전시키는 역할을 한다.

특히 해군 규정에 명시된 주임원사의 권한은 다음과 같다.

§ 순회교육(연 1회) 및 의견수렴 활동 § 주임원(상)사 워크숍(연 1회) § 주임원(상)사 간담회(필요시) § 예하 부사관/병 소집교육(필요시)

표 2-1 해군 주임원(상)사의 권한

초대 해군 주임상사는 1967년 임명된 박용식 상사(행정)였다. 이후 부대 개편 등 다양한 변화에 따라 보완하고 발전하여 전임 주임원사와 겸임주임원사를 선발하게 되었고, 이들의 활동을 보장하기 위하여 제도를 개선하였다.

해군 주임원사는 전임 주임원사와 겸임 주임원사로 나누어져 있다. 전임 주임원사는 임기가 2년으로 직책이 주임원(상)사의 직책으로 근무를 하는 것을 말하고, 겸임 주임원사는 대부분 함정에 소속된 주임원(상)사로 직별장을 겸하면서 주임원(상)사의 직책을 수행하는 것을 말한다. 따라서 전임주임원사는 해군에 총 22개 부대에서 주임원(상)사 직책으로 보직하고 있다.

과거에는 주임원(상)사 선발되는 직별이 정해져 있었다. 하지만 1995년부터 전 직별로 확대되었다. 그리고 겸임 주임원(상)사가 임명되는 기준은 함정은 3급함(편대) 이상, 육상부대는 대대급 이상, 도서 및 격오지 부대(서)이며, 겸임 주임원(상)사 역시 임명장을 수여하는 등 주임원(상)사의 위상을 제고하였다.

전임 주임원(상)사 대상
해군본부, 작전사령부, 교육사령부, 해군사관학교, 군수사령부, 1함대사령부, 2함대사령부, 3함대사령부, 잠수함사령부, 진해기지방어사령부, 인천해역방어사령부, 1전투전단, 2전투전단, 3전투전단, 5성분전단, 6항공전단, 7기동전단, 8전투훈련전단, 특수전전단, 전력분석시험평가단, 기초군사교육단, 정비창

표 2-2 전임 주임원(상)사 부대

그림 2-1 주임원사 휘장

해군 주임원(상)사는 미국과 달리 계급장에서 표시가 나지 않기 때문에 휘장을 부착하고 있다. 휘장은 크게 배경과 계급, 무궁화, 앵카와 체인으로 나눌 수 있다. 특히 상단의 계급은 지휘관의 계급으로 맡은 부대마다 다른 휘장을 패용하고 있다. 휘장의 의미는 다음과 같다.

가. 배경

함정의 활동 무대인 바다를 표시, 대양해군을 의미

나. 계급

지휘관의 계급을 표시하며, 지휘관을 보좌하는 기능을 의미

다. 무궁화

나라를 상징하는 국화로 애국심과 충성심 상징

라. 앵카와 체인

앵카는 해군을 상징하고,
체인은 해군의 중추적 집단으로써 단결력을 의미

Chap. 3

해군부사관 실무

1. 해군조직
2. 특수직무
3. 함정정비
4. 부사관 리더십
5. 부사관 교수법

제 3 장 해군부사관 실무

1. 해군조직

가. 해군조직

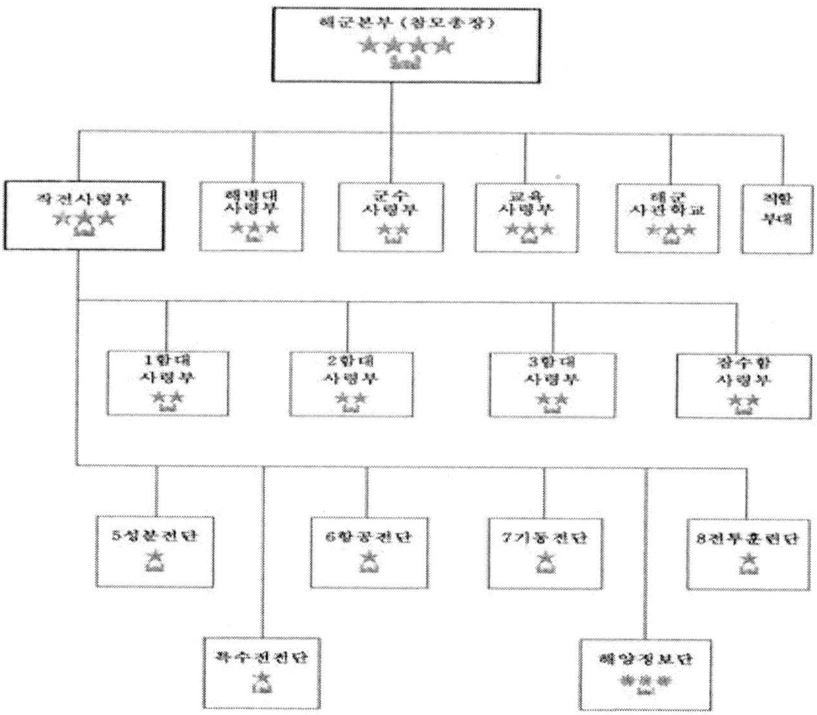

그림 3-1 해군 조직

해군은 해군본부 예하로 작전을 담당하는 작전사령부와 해병대사령부, 교육사령부, 해군사관학교, 군수사령부가 있으며 해군본부 직할부대가 있다.

작전을 담당하는 작전사령부의 예하 부대로는 동해지역을 담당하는 1함대 사령부, 서해지역을 담당하는 2함대 사령부, 남해지역을 담당하는 3함대사령부가 있고, 전단급 부대에서 2015년부터 사령부로 승격된 잠수함사령부가 있다.

또한 작전사령부에는 함대사령부 이외 전단급 부대가 있다. 전단급 부대로는 성분작전[3]을 담당하는 제5성분전단과 해군의 항공부대인 제6항공전단, 이지스함 및 구축함 등 최신예 전투함정이 배치되어 있는 제7기동전단이 있으며, 해군함정의 각종 훈련 및 현역 군인들의 전문성을 확인하고 평가하는 제8전투훈련단도 있다. 또한 UDT 및 SSU 등 특수업무를 수행하는 특수전전단과 해양정보를 관리하는 해양정보단 등의 부대가 작전사령부 예하로 관리되고 있다.

3) 성분작전(성분작전, component operations) : 해군 작전을 구성하는 전투 환경 특성에 따라 해군 전력이 기본적으로 수행하는 작전을 의미. 성분작전에는 대잠전, 기뢰전, 구조전, 특수전, 상륙전이 있다.

나. 함정조직

함정은 전투체계를 탑재한 함정과 탑재하지 않은 함정으로 나누어 구분한다.

1) 전투체계 탑재 함정

전투체계 탑재한 함정은 DDH급 이상의 함정과 FFG함정이 대표적이다. 이 함정들의 조직은 작전을 담당하는 작전부, 전투체계를 담당하는 전투체계부, 추진기관과 발전기 등을 담당하는 기관부, 이 모든 함정요원들을 지원하기 위한 지원부로 구분한다.

각 부서에 속한 부사관의 직별은 작전부는 갑판, 조타, 전탐, 정통, 전자전, 정보가 있고, 전투체계부는 사통, 무장, 음탐, 전자로 구분된다. 기관부는 추기, 전기, 보수가 있으며, 지원부는 재무, 행정, 의무, 조리가 있다.

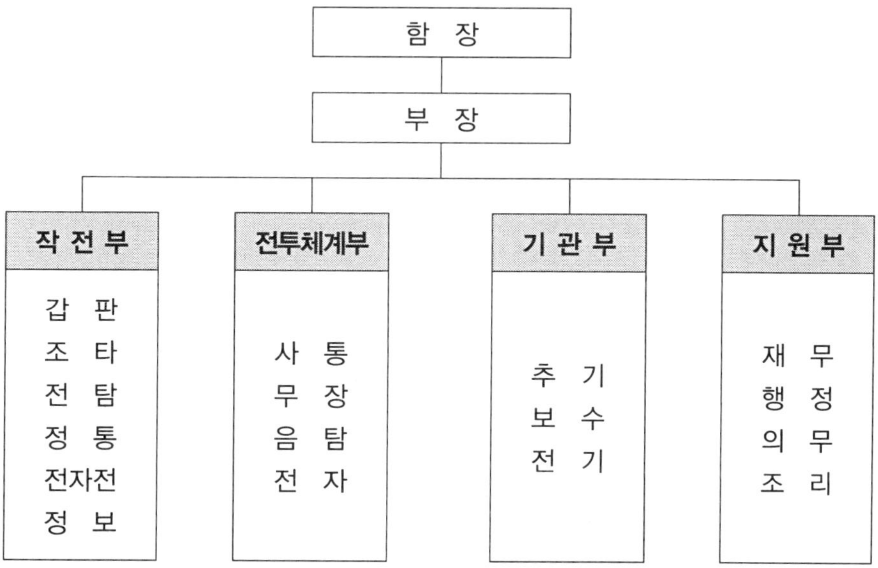

2) 전투체계 비 탑재 함정

해군 함정 중 전투체계를 탑재한 DDH-1, 2 및 DDG 그리고 FFG 함정을 제외한 모든 함정들은 비 탑재 함정으로 작전부, 포갑부, 기관부, 경의부로 구분된다.

작전부에 속한 직별은 전탐, 조타, 음탐, 정통, 전자, 전자전, 정보가 있으며, 포갑부는 갑판, 무장, 사통이 있다. 기관부는 추기, 전기, 보수가 있고 경의부는 보급, 행정, 의무, 조리로 구분된다.

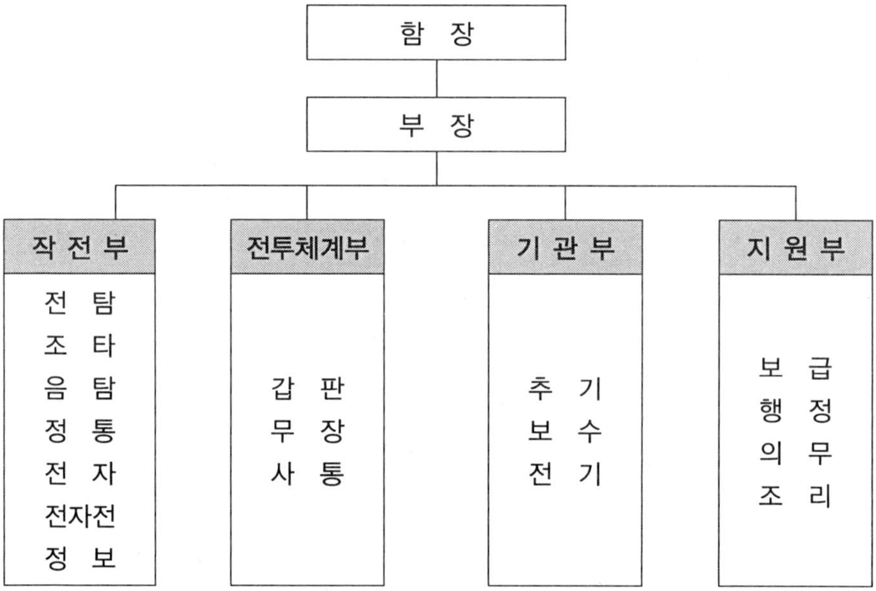

다. 함 승조원의 임무 및 역할

함정에 근무하는 승조원의 임무는 직책별로 임무와 역할이 세분화 되어 있다. 함정을 지휘하는 지휘부가 있으며, 부서를 대표하는 부서장과 1~2개 직별을 관리하는 분대장이 있으며 각 부서에서 부사관과 수병을 대변하는 역할인 분대사라는 직책이 있다.

지휘부는 함장과 부장을 칭하는 용어로 함정을 지휘하는 대표적인 직책을 말한다. 또한 부서장은 한 부서를 대표하는 직책으로 장교들의 직책이다. 분대장 역시 장교가 맡는 직책이지만 부서장을 맡기 전 소수의 직별을 담당하면서 업무를 익히는 것이라 할 수 있다. 분대사의 직책은 부사관이 맡는 직책으로 함정에서 원활한 조직운영을 위한 직책이고, 부사관의 직책에서 자세히 설명하도록 하겠다.

직별에서 직책별 임무를 구분할 때에는 원사 또는 상사를 해당직별의 직별장이라 하며, 정비조장[4]이라 칭하기도 한다. 중사 계급은 선임하사라고 하며 예를 들어 갑판선임하사님 또는 갑선 이라고 줄여서 부르기도 한다.

함정에서 근무할 때에는 장교든 부사관이든 호칭을 할 때 계급을 부르지 않고 직책을 부르고 있다. 따라서 직책과 임무를 이해하는 것이 함정 근무할 때 업무 효율이 잘 된다.

---

4) 정비조장 : 장비정비정보체계에서 직별장이라 하지 않고 정비조의 대표라는 뜻으로 정비조장이라 칭한다.

1) 장교의 직책과 임무

가) 함장 및 부서장의 직책과 임무

직 책	임 무
함 장	함장은 함정운용에 대한 전반적인 것부터 작전권, 인사권 등 함정에 관련된 모든 권한을 갖는다.
부 장	부장은 함정 및 승조원의 안전, 복지 및 전투능력에 대한 권한을 가지며 이에 대한 절대적인 책임을 진다.
기관장	기관장은 함의 주기, 보기, 배관계통, 발전기 및 배전계통 관리 및 정비, 보수조직 유지, PMS/MDS 상태 확인, 안전관으로서의 책임을 진다.
작전관	작전관은 함 제반 작전의 조정 및 계획에 관한 책임을 진다.
전투체계관 (포술장)	전투체계관은 함의 무장, 병기장비 및 유도장비, 탄약 취급 및 갑판 장비의 관리운용과 정비 유지에 대한 책임이 있다.

표 3-1 함정 주요직위자 직책 및 임무

직책별 서열은 함정마다 차이는 있지만 대부분 '함장 - 부장 - 기관장 - 작전관 - 전투체계관(포술장)' 순으로 서열이 나눠져 있으며 간혹 부장과 기관장이 동기이거나 기관장이 선배인 경우가 있다. 통상 함정의 급을 구분할 때 함장의 계급으로 대령이 함장일 경우 1급함, 중령이 함장이면 2급함, 소령이 함장이면 3급함, 위관장교(대위이하)가 정장[5]이면 4급함으로 분류한다.

5) 함장과 정장 : 영관급 장교가 지휘관인 함정은 함이라 부르고 위관급 장교이하가 지휘관인 함정은 정이라 부르기 때문에 지휘관을 함장, 정장이라 구분한다.

나) 분대장의 직책과 임무

직 책	임 무
갑판사관	갑판사관은 갑판장비의 관리, 운용과 정비유지에 대한 책임을 진다.
전투정보관	전투정보관은 작전, 전투정보 및 첩보의 수집, 평가 전달을 통제하고 함의 통신을 감독하여 전자장비에 관한 유지 및 보수에 대한 책임을 진다.
유도무기관	전투체계관의 업무를 보좌하여 유도/병기장비의 통제 및 권고를 한다. 무장직별의 분대장으로서 조직, 행정 및 운용에 대한 책임을 지며, 유도/병기 장비의 운용, 정비, 탄약/특수탄 청구, 취급, 저장 및 지출을 지휘, 감독한다.
주기실장	주기실장은 기관장을 보좌하여 함 추진장비, 보기류, 장비 정비와 보수에 대한 책임을 진다.
항해사	항해사는 함의 안전 항해 및 항로 안내와 항해기구의 정비유지에 대한 책임을 진다.
통신관	작전관의 업무를 보좌하여 제반작전/훈련을 집행한다. 통신/통기의 분대장으로서 분대업무를 전반적으로 지휘, 감독하며, 분임보안담당관으로서 함내 보안담당관의 보안관련 업무를 보좌한다.
전기관	기관장을 보좌하여 전기기기 및 회로, 부속기기의 작동 유지 및 수리에 대한 책임이 있다.
보수관	기관장을 보좌하여 효과적인 보수조직의 수립 및 유지와 타 부서에 특별히 해당된 것을 제외한 선체 및 기기 수리의 감독에 대한 책임을 진다.
대잠관	전투정보상황실에 위치하고, 명령을 받아 대잠공격을 지휘하며, 발사무기의 형을 선택한다. 또한 음탐실의 팀워크를 지휘하고 발사시간을 수정하며 탐색 절차를 지시, 감독한다.
보급관	비품 및 수리부속품 등의 운용에 관한 업무를 담당하며, 특히 회계업무, 물품검수, 재고조사 등의 책임을 진다.

표 3-2 분대장의 직책 및 임무

분대장은 함장 및 부서장 이외의 장교의 직책으로 이들의 서열은 계급 및 기수 순으로 구분할 수 있다.

분대장별 담당하는 부사관 및 수병의 직별은 다음과 같다.

갑판사관 : 갑판직별

전투정보관 : 전탐, 전자, 전자전직별

유도무기관 : 무장(병기 및 유도), 사통직별

주기실장 : 추기(내기 및 내연)직별

항해사 : 조타직별

통신관 : 정통 및 정보(통기)직별

전기관 : 전기직별

보수관 : 보수직별

대잠관 : 음탐직별

보급관 : 보급, 조리, 이발, (행정) 등

2) 부사관의 직책과 임무

부사관은 각 직별 별로 임무가 나누어져 있다고 해도 과언이 아니다. 따라서 각 직별이 하는 업무가 부사관의 임무가 되는 것이다. 단지 여기에서는 직별과 별개로 칭하는 공통적인 직책만 간단하게 소개하려고 한다.

가) 부사관의 직책과 임무

직 책	임 무
주임원사	함정의 지휘관을 보좌하면서 함정 승조원을 대변하는 임무를 수행한다. 대부분 주임원사 직책은 부사관 중 최 고 선임이 수행한다고 할 수 있으며 자신의 직별의 직별장도 맡으면서 주임원사 직책을 맡기 때문에 겸임 주임원사 직책이다. 이·취임식은 함장 주관으로 함장 이·취임식과 비슷한 수준으로 하며, 직책을 수행하는 기간 동안 인사를 보류하는 혜택을 부여한다.
분대사	각 부서에서 대표되는 원·상사 중 한명으로 부서의 주임원사와 동일하다고 생각하면 된다. 따라서 부서의 고충을 해결하거나 함정에 부서를 대변하는 역할을 수행한다. 함정에서 비공식적으로 임명을 하는 직책이기 때문에 인사보류 등 혜택은 없지만 부서장을 보좌하는 역할을 수행한다.
분대 선임하사	분대사를 보좌하여 분대 행정업무를 담당하는 중사(선임하사)이다. 부서에서 활동하는 각종 제반사항에 관한 계획을 하고 분대사 및 부서장을 보좌하는 임무를 수행한다. 부서의 총무역할이라 생각하면 이해가 쉽다.
부서 당직하사	부서의 당직하사는 각 직별에서 하사들 중 최 후임들이 도맡아서 하는 직책이다. 일과정렬시 인원보고와 부서별 조사를 해야 할 경우 당직하사들이 주로 수행한다고 보면 된다. 부서 당직하사는 각 직별마다 1~2명 정도 맡는 직책으로 부서 전체로 보면 4~6명 정도 된다.

표 3-3 부사관의 직책 및 임무

라. 함정당직 조직 및 임무

1) 함정 당직조직

가) 일반사항

당직은 부대장의 명을 받아 군기유지, 법규의 이행, 인원/물자/시설 보호와 각종 사고를 미연에 방지하기 위하여 일정 기간 지정 위치에서 근무하는 것을 말한다.

함정의 당직근무는 전투력 유지와 함정운용에 있어 가장 중요한 요소이다. 당직근무의 책임은 해당 당직자 및 함장에게 있고, 정박당직과 항해당직으로 구분된다.

해군 작전사 당직예규에 의하면 전입자는 전입일로부터 14일간 당직 근무가 유예된다. 하지만 부임 후 2주 이내 부장 주관 당직 자격부여평가에 응시해야 하며, 평균 80점 이상시 당직 자격이 부여된다. 당직 자격 부여 평가 합격 이전에는 견습 또는 복수근무로 당직임무를 숙달한다.

나) 기본수칙

1) 근무 전 자신의 임무에 대한 충분한 사전 교육훈련
2) 임무완수를 위해 충분한 경계심 유지
3) 각종 절차를 확인/점검하여, 위기상황 발생 시 즉각 조치할 수 있도록 준비
4) 규정에 따른 교대나 책임장교의 명령이 없는 한 근무지 이탈 금지
5) 당직조직에서 누구에게 보고해야 하며 누구에게 보고를 받아야 하는지 상세히 파악

6) 당직근무 중 고유의 당직기능을 저해하는 다른 어떤 임무 및 업무 수행 금지

다) 정박당직자

주요 당직자는 당직사령/당직사관, 부직사관/당직하사/당직병, 안전당직이 있다.

당직사령/당직사관은 장교로 편성되어 예하 당직자를 지휘·감독하는 역할을 담당한다. 특히 함장으로부터 권한을 위임받아 함 운용에 대한 책임을 지고, 함의 안전 확인 및 일상 일과를 진행한다.

부직사관/당직하사/당직병은 함정에서 현문당직자로 불리며 현문에 위치하는 당직이다. 표준일과 진행표에 따라 타종을 이용하여 일과를 진행한다. 또한 이함하는 승조원의 행처파악 및 현문 인원현황판을 표시한다.

안전당직은 기관부 당직으로 매 시간별 함전반 순찰, 각종 사고 발생을 미연에 방지하는 당직이다. 특히 함내 화재, 침수, 범죄, 도난, 환자발생 등 함 안전을 저해하는 사항들을 식별/조치한다.

라) 정박당직 조직

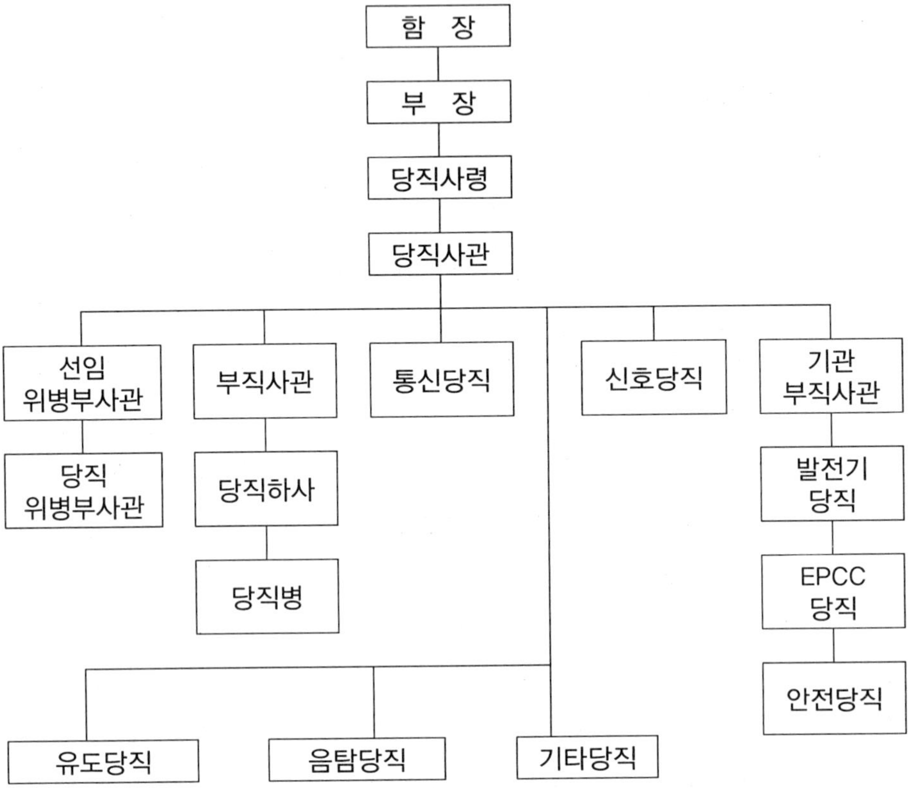

표 3-4 해군 정박당직 조직도

정박당직은 1일 8시간 근무를 기본으로 4시간 당직 후 8시간 휴식 순서로 운용된다.

정박당직 1직은 08:00~12:00 / 20:00~24:00 이고,

2직은 12:00~16:00 / 00:00~04:00이다.

3직은 16:00~20:00 / 04:00~08:00이다.

마) 항해당직

항해당직은 함 총원이 당직을 편성하여 1일 3직제로 운용된다. 이는 함정을 24시간 가동하기 위함으로, 연속적인 당직근무를 당직으로 편성되어 수행하게 된다.

항해당직 1직은 00:00~04:00 / 12:00~16:00, 2직은 04:00~08:00 / 16:00~20:00, 3직은 08:00~12:00 / 20:00~ 24:00으로 편성되어 정박당직과는 시간이 차이점이 있다.

바) 항해당직 조직

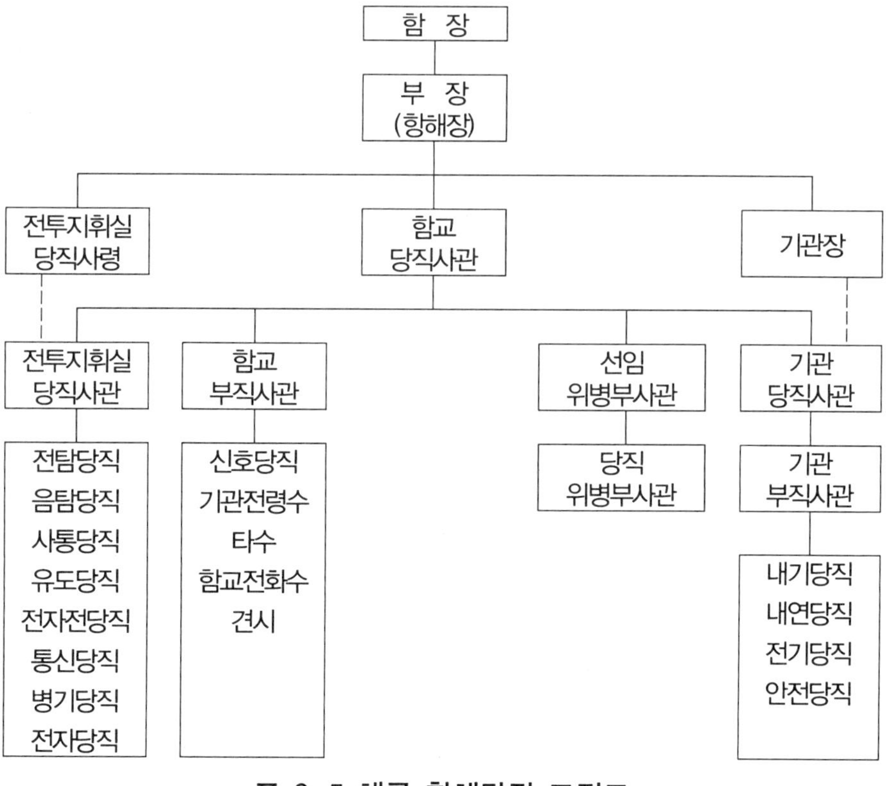

표 3-5 해군 항해당직 조직도

2) 주요 당직

가) 현문당직

현문당직의 구성은 부직사관, 당직하사, 당직병으로 구성되며 임무는 함 대원과 방문 인원 파악 및 통제, 지휘관 승/하함 파악, 외래인 출/입대장 작성, 자율검색대 운용 등을 수행한다.

(1) 일과 방송

표준방송법 및 방송문은 POD에 의거 방송을 실시하고 방송 후에는 현문일지에 작성해야 한다. 방송은 천천히 정확하게 발음해야 함 총원이 정확히 알아들을 수 있다. 표준방송문은 매 일과 '15분전', '5분전', '시작'이 있으며, 기타 정해진 일과 이외 작업원 차출이나 전원교대 등의 방송은 당직사관에게 보고 후 실시한다.

지휘관이 함정에 들어오거나 나갈때에 승/하함 방송을 하는데, 중/대령급은 2타 2회 후 '함장(전대장) 승/하함'이라 한다. 하지만 함장을 제외한 주요 지휘관 승/하함 방송은 함교에서 조타사가 방송을 실시한다.

(2) 비상연락망 최신화 및 긴급 대응훈련 보좌

비상연락망은 비상소집이나 긴급한 연락 또는 함 태세 유지에 있어서 필요하다. 또한 소화/방수나 번개통신 등 각종 훈련에 대해 당직사관을 보좌하여 훈련 등을 수행한다.

(3) 함 현황보고 작성

함 현황보고는 함 인원 및 군수, 당직자, 태세 등을 포함 시키며, 외부에서 순찰시 부직사관이 1차적으로 함 현황을 보고한다.

(4) 현문당직 유의사항

현문당직자는 긴급 상황을 제외하고는 현문에 정위치 하여 당직근무에 임하여야 한다. 근무 중 개인, 직별 업무 수행은 불가능 하며 복장은 근무복에 게리슨모를 착용하여야 한다. (스마트폰 사용 금지)

야간에는 미식별 인원에 대하여 수하법(암구호 확인)으로 확인 후 타 인원의 출입을 통제한다.

나) 기관당직

(1) 기관부직사관

함정의 추진력, 함정운용, 전투능력이나 함정성능에 영향을 줄만한 주기 또는 보기류의 고장이나 시동에 관한 사항을 즉시 당직사관 및 기관장에게 보고한다.

모든 기관당직자와 안전당직자가 당직근무에 충실하며, 제반 당직규정을 잘 이행하고 있는가를 확인 및 감독한다. 기관부 일지와 반전기록부에 기입할 사항과 보고할 사항을 잘 파악해야 하며 만일 사고가 발생할 때는 기관장과 함교당직사관에게 즉시 보고한다.

(2) **발전기 당직**

발전기의 작동상태가 양호하고 진동 및 소음 상태가 이상 없는지 확인한다. SUMP 및 MAKE-UP TANK 유준 상태를 확인하며, 각 계통 PIPE-LINE에서 누수, 누유가 되는 부분이 없는지 확인한다. 함 정전 발생 시 예비 발전기를 기동하며, 이후에는 정전된 사유를 파악하여 2차 문제에 대비한다.

(3) **EPCC당직**

발전기 전압조절 가감저항기 및 가버너 스위치 작동상태, 함내 접지상태(그라운드), EPCC상 발전기가 원격으로 가동되고 정지되는지 이상 유무를 확인한다.

다) 안전당직

함정마다 차이가 있으나 기관장에 의해 지명된 경험이 많고 함구조에 익숙한 인원이 배치되며 함 안전에 영향을 미치는 비상사고를 미연에 방지한다.

(1) **안전당직 확인사항**

(가) 화재/침수 관련사항

비인가 전열기 및 전기기기 사용 여부, 기관실 장비 작동 및 빌지 고임, 격실 침수 여부, 인화성 물질로 인한 화재 위험성 여부를 확인한다.

(나) 안전사고 관련사항

긴급환자, 안전 위해요소 발생여부를 확인한다.

(다) 장비/격실 관련사항

작동 장비 이상유무 및 통행에 방해되는 요소를 확인한다. (장비 누수 및 홍등 점등 유무 등)

라. 기타 사항

함장/부서장 특별 지시사항, 실내 통풍 및 온도 유지상태, 계류색 장력 유지 및 고정상태를 확인한다.

2. 특수직무

가. 태 세

입항중인 함정이 준수해야 할 태세와 태세에 따른 기준시간이 있으며 이를 함정 전비태세라 한다. 함정의 전비태세 중 출동대기(RFS)시 대기태세를 준수해야 한다.

출동대기태세는 수시로 상급부서에서 시달되므로 30분 이내의 대기태세를 수명 받을 경우 대비하여 개인적으로 수신 가능한 통신망을 항시 유지하여야 한다.

태세의 기준 시간은 집합시간이 아닌 함정의 출항 시간이기 때문에 연락을 받은 즉시 함정으로 복귀하여 출항 준비를 해야 한다.

1) 출동대기(RFS : Ready For Sea)

함정이 출항을 위해 최소한의 시간적 여유를 가지고 대기하는 태세로 출동대기 '하나/둘/셋'으로 세분화 되어 함형별 태세 유지기준이 차등 적용한다.

2) 준비대기(MA : Miscellaneous At anchor)

수리를 위해 입창준비 또는 수리 후 탄약, 유류 등 군수물자 적재를 위해 준비대기 하는 태세를 말한다

3) 자체수리(UPK : Up Keep)

함정이 자체정비를 위하여 수리하는 태세를 말한다.

4) 임시수리(RA : Restricted Availability)

함정이 정비창/정배대대에 입창하여 일정기간 정기적으로 수리하는 태세를 말한다.

5) 정기수리(OVHL : Over Haul)

정비창/정비대대 등에서 장기간 실시하는 전반적인 분해 수리 및 개조공사를 위한 수리태세를 말한다.

나. 특수 직무 분담

해당 함정에서 할 수 있는 모든 훈련 및 직무를 특수직무라 하며, 각 함정의 중앙통로 또는 식당에 게시되어 있다. 특수 직무 분담표는 해당 직별에서 주관하는 각종 훈련을 정리하여 게시하기 때문에 함장님을 포함한 승조원 총원의 직무가 나열되어 있다.

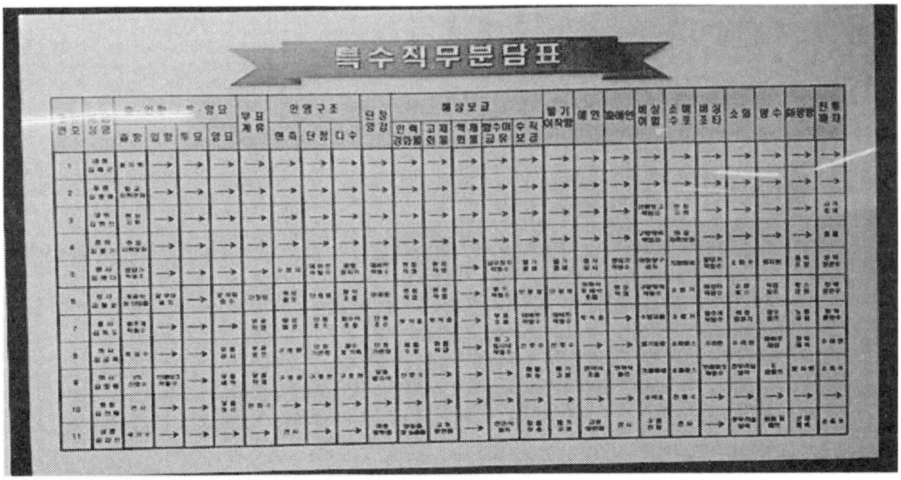

그림 3-2 해군 특수직무분담표

1) 출/입항

함정이 부두를 떠나서 임무를 위해 바다로 나가거나, 임무가 종료된 후 다시 부두로 들어오는 것을 말한다. 출/입항은 갑판직별에서 주관하여 작성한다.

2) 투/양묘

함정이 임의의 수면에 정지하거나 충돌의 위험이 있을 때 함정을 급정지시키기 위하여 닻을 바다에 떨어트리는 것을 말한다. 투/양묘는 갑판직별에서 주관하여 작성한다.

3) 인명구조

항해 중 사람이 바다에 빠졌을 때 사람을 구출하기 위한 것으로 다수가 빠졌을 때 구조하는 다수인명구조, 소수의 인원이 빠졌을 때 구조하는 현측인명구조, 함정에 거치되어 있는 단정(RIB BOAT)을 이용하여 구조하는 단정인명구조가 있다. 인명구조는 갑판직별에서 주관하여 작성한다.

4) 단정양강

함정에 거치되어 있는 단정(RIB BOAT)을 수면에 띄우거나 다시 함정으로 거치하는 훈련으로 단정장은 갑판중사, 단정기관장은 추기중사 또는 하사로 운용한다. 단정양강은 갑판직별에서 주관하여 작성한다.

5) 해상보급

해상에서 보급품을 수령하기 위한 훈련으로 가장 많이 사용하는 해상유류수급이 있다. 해상유류수급은 항해를 하면서 군수지원함에서 기름을 받는 것으로 군수지원함을 가운데 두고 양옆으로 2척이 동시에 수급하기도 한다. 그 외에 고체화물을 이송하는 고체화물이송, 인원을 이송하는 인력이송, 현측으로 유류수급이 불가능한 함정일 경우 함수미급유, 헬기를 이용한 화물을 보급받는 수직보급 등이 있다. 해상보급은 갑판직별에서 주관하여 작성한다.

6) 헬기이착함

헬기갑판이 있는 함정(FFG, DDH이상)에서 헬기가 함정에 이/착함하는 훈련이다. 대부분 항공직별에서 헬기신호수를 하지만 상황에 따라 함정요원(갑판사)이 헬기신호수를 하기도 한다. 헬기이착함은 갑판직별에서 주관하여 작성한다.

7) 예인/피예인

함정이 전투나 그 외 충격 등으로 손상을 입어 자력으로 항행 불가능하게 된 경우 이를 구조하기 위하여 밀거나 끄는 것을 예인이라 한다. 반대로 예인을 받는 함정은 피예인이라 한다. 예인/피예인은 갑판직별에서 주관하여 작성한다.

8) 비상이함

함정이 해상에서 충돌이나 적함의 공격을 받아 침몰하거나 화재로 인해 전소하여 함정의 기능을 완전히 상실하여 배를 버리고 떠나는 행위를 말한다. 비상이함은 절차에 따라 각 직별에서 해당하는 장비를 파기하고, 구명정에 승선하는 것까지의 절차를 말한다. 비상이함은 갑판직별에서 주관하여 작성한다.

9) 소해수로

협수로나 항로에 설치된 기뢰가 설치되어 있는 곳을 소해함이 제거한 후 그 지역을 지나갈 때 하는 훈련으로 기뢰가 함정에 가까이 오기 전 소병기나 중화기 등으로 폭발시키거나 소화수 등으로 함정에 가까이 오지 못하게 하여 수로를 통과하는 것이다. 소해수로는 갑판직별에서 주관하여 작성한다.

10) 비상조타

타기가 고장이 나서 조타실에서 조종이 안될 때 승조원 총원이 배치하여 함미에 위치한 타기실에서 타기를 인력으로 조종하는 훈련이다. 비상조타는 조타직별에서 주관하여 작성한다.

11) 소화/방수

함정에서 화재가 나거나 침수가 되었을 때 조치하는 것으로 항해중에는 당직자를 제외한 총원이 배치하여 화재진압 및 침수된 곳을 막는 것이다. 정박시 소화/방수는 주간에는 승조원 총원을 대상으로 작성하고, 야간에는 당직자 위주로 작성하여 매일 게시한다. 소화/방수는 보수직별에서 주관하여 작성한다.

12) 화생방

함정에서 화생방상황이 발생할 경우 지역을 이탈 후 함정을 제독하는 것까지를 말한다. 화생방은 보수직별에서 주관하여 작성한다.

13) 전투배치

전투배치는 전투상황시 또는 적의 위협이 느껴질 경우 배치하는 것이다. 전투배치는 무장직별에서 주관하여 작성한다.

3. 함정정비

가. 함정수리 및 절차

함정이 손상을 입거나 보강해야 하는 부분이 발생할 경우 성능을 계속 유지할 수 있도록 하는 공사를 함정 수리라 한다. 함정 수리의 종류로는 정기수리, 중간수리 그리고 긴급수리로 구분 할 수 있다.

정기수리는 함정이 주기적으로 정비창에 수리를 들어가서 각종 부품 및 수리부속을 점검하고 문제시 교체하는 것을 말한다. 정기수리 주기는 해군본부 장비정비계획과에서 함정 정비주기를 공지를 하고 있으며, 현재 선령[6] 18년을 기준으로 미만일 경우 6년마다, 초과할 경우 4년마다 정비를 한다.

중간수리는 정기수리와 정기수리 중간에 약 한달에서 두달정도의 시간으로 수리를 하는 것으로 1년에 1~2회 정도 수리를 실시한다. 각 함대에 소속된 함정들은 중간수리는 함대에 있는 수리창에서 수리를 하고, 정기수리시 해군정비창이 있는 진해로 내려가서 수리를 하는 것이 평균적이다. 단, 큰 함정일 경우 중간수리도 진해에서 수리하기도 한다.

긴급수리는 함정 자체정비가 가능하거나 갑작스런 손상을 입어서 보수해야 하는 경우가 발생할 경우 하는 수리로 기간은 평균 일주일 이내 실시한다.

수리절차는 수리시작 2주에서 4주 전 장비의 상태 및 수리요구사항 등을 각 직별에서 수리신청서에 신청한다. 해군에서는 장비정비정보체계라는 프로그램으로 수리신청서를 입력한다. 이후 정비창 또는 수리창에서

6) 선령 : 새로 만든 배를 처음으로 물에 띄운 때로부터 경과한 햇수. 선박의 나이.

수리신청서를 확인하고 공사명령서를 발행하면 해당수리 공장에서 할당하여 정비창 수리반에서 함정으로 수리를 실시하게 된다. 수리 전과 후에는 입창시운전 및 퇴창시운전을 하게 되는데 입창 전과 후를 비교해 볼 수 있는 것으로 기관부에서 가장 신경을 쓰고 있는 사항 중 하나이다.

나. 장비정비정보체계

1) PMS 소개

PMS[7]는 장비 및 구성품의 정비 업무를 위하여 정비 책임자에게 효과적으로 정비를 할 수 있도록 정비주기, 정비방법 및 감독요령 등을 제공하고 제공된 정보를 통해서 정비를 계획적으로 수행할 수 있도록 한 제도이다.

가) 특 징

(1) 복잡한 정비를 단순화

(2) 사전 정비항목을 설정하고 그에 따라 필요한 공구와 작업순서 등을 제시하여 완벽한 정비를 할 수 있게 하고 사고를 사전에 방지

(3) 정비에 소요되는 인력과 물자를 예측하여 준비

(4) 함 행동 변경에 따른 정비계획 및 일정조정 이 가능

(5) 정비요원이 정비 중 미비점 발견시 수정 가능

7) PMS : 계획정비제도(Planed Maintenance System)

나) 이 점

(1) 신뢰도 증가 : 계획된 정비를 통하여 장비고장을 최소화함에 따라 장비에 대한 신뢰도 증가

(2) 경제성 증가 : 계획된 정비를 통하여 장비 고장을 감소시켜 수리비용 절약

(3) 효율성 증대 : 사전 계획한 정비계획을 통하여 효율성이 증가하고 정비의 용이

(4) 지휘통솔 및 관리운영의 용이 : 신뢰성 및 효율성 증가는 장비고장을 감소시켜 불필요한 정비를 줄여서 지휘통솔이나 부대관리 운영에 용이

다) PMS 적용범위

적용대상은 함정에 설치되어 운용중인 화력, 특수무기, 함정, 통신/전자장비, 일반장비가 해당된다.

라) PMS 이행시 유의사항

(1) PMS 정비방법이 최고의 정비절차가 아니므로 전문적인 기술과 지식을 습득할 수 있도록 노력해야 한다.

(2) 정비 실시자의 수준을 고려하여 정비 책임을 부여하여야 한다.

2) PMS 교육 및 사전회의

가) PMS교육

PMS는 각 직별별로 매월, 매분기마다 교육을 해야 한다. 특히 매월 교육하는 직별자체교육은 각 정비요원을 대상으로 1회 이상 실시하여야 하고, 각 장비별 정비항목에 대한 정비내용과 실시방법 등을 교육한다.

매분기마다 교육하는 총원교육은 함 총원을 대상으로 계획표 작성 및 운영법, PMS행정, 관계관의 임무 등을 교육한다.

이러한 교육은 함정에서 각 직별마다 교관[8]을 지정하여 정비요원을 대상으로 교육을 실시하며 교관들은 해당 교육에 대한 교수안을 수시로 수정하고 보완해야 한다.

나) PMS 사전회의[9]

PMS 사전회의는 매주 금요일 PMS 책임장교 주관 하에 실시하는 회의이다. 반드시 금요일에 실시해야 하는 것은 아니라 부대 사정에 따라서 변경은 가능하지만 일주일에 한번 실시한다.

참가대상은 PMS 책임장교인 부장, 부서장, PMS조종관, 정비조장 등 참석을 하며, 사관실에서 회의를 실시한다.

PMS사전회의는 해당 주 중 실시한 PMS현황 및 다음주 실시 예정인 PMS현황을 보고한다. 특히 실시 또는 예정인 PMS에 대한 문제점을 색출하여 타 직별과 방안을 마련하는 자리이기

---

8) 교관 : 군대에서는 가르치는 역할을 담당하고 있는 직책을 교관이라 칭한다. 따라서 기초군사훈련을 가르치는 직책도 교관이라 하고, 각 직별에 대하여 가르치는 직책도 교관이라 한다.

9) PMS 사전회의 : PMS 관계관들이 모여서 제반사항에 관한 협조 및 지시하기 위한 회의

도 하다. 또한 함행동에 대한 PMS실시여부 및 계획에 대하여 조율을 하는 자리라 할 수 있다.

다) PMS 점검

PMS 점검 목적은 PMS 이행상태를 점검하고 확인, 감독하면서 PMS 이행 중 발생하는 문제사항을 파악하여 수정함을 통하여 원활한 PMS가 수행되도록 하는 것이다. 또한 장병들이 PMS 실시에 대하여 적극적으로 참여하는데 목적이 있다.

PMS 점검 횟수는 연1회 이상 실시하고 대부분 지휘검열시 병행하여 실시한다.

PMS 점검 주관은 함정의 상급부대인 각 함대 및 기지사령부, 전단장, 전대장이 주관하여 실시한다.

3) PMS 관계관의 임무

가) 참모총장(군수참모부장)

PMS의 발전에 관한 모든 정책을 수립하고 관계부대의 업무를 조정 통제하는 업무를 담당한다.

나) 군수사령관(정비관리처장)

PMS 제도발전에 대한 업무를 주관하면서 PMS 불이행 사유 및 이행상 문제점 검토/대책을 강구한다. 또한 PMS 제도 운용상 문제점 파악 및 개선 방안을 강구하는 업무를 담당한다.

다) 작전(함대/기지/방어)사령관

예속함정(부대)에 대한 PMS 점검과 이행상태를 감독한다.

라) 전단(대)장

예속함정에 대한 PMS 점검 및 이행상태를 감독하고 점검결과를 함 수행능력에 반영시킨다.

마) 전비전대장

부사관 능력평가 시 PMS 사항(필기, 실기)을 중점 평가하고, 각종 훈련태세 점검시 PMS 계획, 자재 및 장비정비정보체계를 점검한다. 또한 정비검열시 장비정비정보체계를 이용하여 PMS에 관한 전반적인 사항을 검열한다.

바) 함(정)장

함정 장비가 PMS에 따라 정비되고 있는지 확인한다. 또한 주기적인 점검을 통하여 운영상 문제점을 확인한다.

사) PMS 책임장교(부장)

PMS 책임장교로서 각 부서의 PMS를 효과적으로 운영할 책임이 있다. 또한 PMS에 관련되는 함내 지시 및 명령을 시달하고 PMS조종관을 임명하여 PMS에 관한 전반적인 사항을 감독한다. 매분기 각 부서의 PMS 점검을 실시하고 문제점은 수정토록 한다. 매주 PMS 사전회의를 주관하며 주기, 분기, 주간계획을 결재한다. 또한 정기적으로 부서장들의 협조를 받아 PMS 진행현황과 전반적인 장비의 상태를 함(정)장에게 보고한다.

아) PMS 조종관

분대장이 있는 함정에서는 분대장 중 1명, 분대장이 없는 함정에서는 직별 책임부사관 중에서 1명을 임명하여 PMS 책임장교에 대한 전문적인 기술 및 행정적인 보좌를 한다. 또한 PMS 책임장교의 업무를 일부 대행하여 추진하고 PMS 사전회의를 준비 및 각 직별별 PMS 업무가 원활히 수행되도록 감독한다.

자) 부서장

부서 내 PMS를 효과적으로 운영할 책임이 있다. 또한 주기계획 및 분기계획 인증을 확인하고 부서 내 주간 PMS 이행상태를 점검한다. 지연된 정비 건을 검토 후 필요 자료 및 조언을 받아 재계획 수립 및 문제점에 대하여 조치한다.

차) 분대장

분대 내 PMS를 효과적으로 운용할 책임이 있다. 분대의 주기계획 및 분기계획표를 확인 및 결재한다. 주간 PMS 이행상태를 점검하고, 계획된 PMS 중 미실시 건에 대해 필요한 조치를 한다.

카) 정비조장

각 직별의 직별장으로 주기계획 및 분기계획표를 작성한다. 분기계획표에 의해 주간계획을 작성하고 주간내 정비일과를 운영하고 감독한다. 정비조의 PMS를 실질적으로 수행할 책임이 있으며, PMS를 실시할 정비요원을 선발하여 정비일과를 지시한다. 정비요원 기술부족 시 교육을 실시한다.

타) 정비요원(정비작업자)

각 직별의 정비조장(직별장)을 제외한 총원이 해당하며 주간 정비계획에 의거 지시된 정비를 수행하고 결과를 보고한다. 또한 정비 중 문제점 발생 시 정비조장에게 보고한다.

3) PMS 절차

가) PMS 구성요소

PMS 구성요소는 3가지로 나눌수 있다.

PMS편람과 정비지침카드, 정비계획로 구분하는데 간단하게 설명하면 PMS 편람은 PMS 항목을 보기 편리하도록 간추려놓은 책자라고 할 수 있다. 따라서 PMS 편람만 보게 되면 그 정비조가 해야 하는 PMS 항목을 알 수 있다.

정비지침카드는 각 정비조에서 PMS 항목에 대한 정비 시 필요한 준비물과 정비순서 등이 나열되어 있는 카드형식으로 설명해 둔 것이다.

마지막 정비계획은 정비순서를 주기별, 분기별, 주간별로 설정하여 업무과다로 인한 정비의 효율을 향상시키기 위한 계획표라고 할 수 있다.

나) PMS편람(PMS Manual)

PMS편람은 두가지로 나눌수 있다.

먼저 부서편람(Master Manual)으로 부서에서 보유하고 있는 모든 PMS항목을 종합 해둔 것이라 할 수 있다. 이 부서편람은 부서장이 보관하고 있으며, 각 정비조의 PMS항목에 수정사항이 발생했을 경우 정비조에서 수정을 해야 한다.

다음으로 정비조편람(Group Manual)이 있다. 정비조편람은 해당 정비조에서 관리하고 있으며 부서편람과 동일하게 정비조에서 관리하는 장비에 대한 정비지침을 장비의 우선 순으로 수록하였다.

PMS편람에 수록되어야 하는 내용은 장비목록표와 정비지침페이지가 있다. 장비목록표는 정비조/부서에서 관리하고 있는 모든 장비를 순서대로 나열한 목록이다. 이 장비목록표에는 함정명, 정비조, 제작일자가 적혀있고, 장비명과 그 장비가 몇 개 보유하고 있는지, 관련 기술교범 및 제작회사 등이 정리되어 있다.

정비지침페이지는 장비목록표에 있는 장비별 정비내용과 필요정보등이 수록되어 있는 것으로 PMS의 기본이 되는 서류이다. 이 정비지침페이지는 인트라넷[10] 군수사령부 홈페이지 및 장비정비정보체계 내에서 출력 할 수 있다.

다) 정비지침카드(Maintenance Requirement Card)

정비지침카드는 누가, 무엇을, 어떻게 그리고 어떤 장구와 공구, 부속, 자재, 계측기 등을 이용하여 정비를 수행해야 하는가를 상세하게 설명해둔 카드이다. 따라서 PMS를 실시하기 위하여 정비요원이 정비지침카드를 지참하고, 필요한 자재를 챙겨서 해당 장비에 대하여 정비지침카드에 적힌 순서대로 정비를 실시하면 되는 것이다.

10) 인트라넷 : 군대 내에서 사용하는 인터넷을 말하는 용어로 인터넷처럼 사용이 가능하나 외부(사회에서 사용하는) 인터넷과는 혼용이 안되는 보안 인터넷이다.

정비지침카드 I

계통 (SYSTEM) 윈치셋	정비명 양묘기(Y-15VHM) (43710135)	정비번호 A-5	A-1R
세분된 계통 (SUB SYSTEM) 윈드라스 부속구	관련된 정비 W-1	직계 갑판상사 내기중사 전기중사	공시 1.0 1.0 1.0
정비내용 **1. 전 계통 검사하라.**		총실동계 소요시간	3.0 1.0

안전수칙
1. 군수사령부 발행(00.6.30) 안전교범 수칙을 준수하라.
2. 전원을 차단하고 "사용금지" 꼬리표를 달아라.

공구, 부속자재, 계측기
1. 복합렌치 셋트 2. 걸레

작업절차
사전준비

주: 매년 또는 이상징 후 발견시 정비(수리)창 수리 의뢰하라

1. 전 계통 검사하라.

가. 양묘기의 동력장치를 검사하라.
(1) 주펌프 작동여부를 검사하라
(2) 전동기를 검사하라.
① 펌프와 전동기 사이의 커플링을 검사하라.
② 전동기 베어링은 분해 검사시 구리스를 주입하라.
(3) 체인 커플링을 검사하라.
① 커플링 체인의 마모, 스프라켓 이빨의 마모,
커플링 커버 오링의 마모정도를 검사하라.
(4) 흡입측 고무조인트를 검사하라.
(5) 급유변, 차단변, 역지변을 검사하라.
(6) 토출측 고무호스를 검사하라
(7) 드레인측 고무호스를 검사하라.
(8) 압력계를 검사하라.

		47
	- 계 속	ANB
정비위치 :	제작일자 :2007. 4	Y

해군서식 4733 (69.8.11) 백상지 16 (197X272)

그림 3-3 정비지침카드 예시

정비지침카드에는 정비 중 일어날 수 있는 인명 또는 장비 고장을 방지하기 위하여 우측상단에 '인명안전' 또는 '장비안전'이라는 표시가 되어있다. 이 표시는 해당수칙을 준수하지 않을 경우 인명에 대한 손상을 초래하거나 장비에 대한 고장을 초래한다는 뜻으로 정비요원에게 경각심을 주기 위한 표시라 할 수 있다.

정비지침카드에는 정비번호가 수록되어 있다.

정비번호란 2개 부분으로 구성되어 첫 번째 부분은 해당 장비

그룹 부호와 장비의 사용목적에 따른 부호를 나타내는 장비번호가 기입되어 있으며, 두 번째 부분은 정비주기부호와 장비항목 식별번호를 구분하기 위한 정비항목번호로 구성되어 있다.

위 정비지침카드를 예시로 살펴보면 우측상단에 있는 정비번호에 'A-5 A-1R'이 적혀있는 것을 알 수 있다. 그 중 앞에 적혀있는 'A-5'에서 'A'는 장비그룹 부호이고, 뒤에 '5'는 장비사용 목적부호로 'A-5'는 장비번호라 칭한다. 또한 뒤에 적힌 'A-1R'이라는 번호는 정비항목번호로 여기 적힌 'A'는 정비주기부호, '1'은 정비항목 식별번호이고, 'R'은 정비주기부호로 이러한 'A-1R'은 복합주기 정비부호이다.

A –	5	A –	1	R
장비그룹 부 호	장비사용 목적부호	정비주기 부 호	정비항목 식별번호	정비주기 부 호
↓			↓	
장비번호		정비항목번호		
		↓		
정비번호				

표 3-6 정비번호 예시

(1) 정비주기부호

(가) D(Daily) ---------- 매 일
(나) W(Weekly) ---------- 매 주
(다) M(Monthly) ---------- 매 월
(라) Q(Quarterly) ---------- 매분기
(마) S(Semiannually) ---------- 매반년
(바) A(Annually) ---------- 매 년
(사) C(Cycle) ---------- 매 정기수리 주기
(아) R(Sitration Requirement) --- 필요시

이외에도 위 정비주기로 표시하지 못하는 정비주기를 표시하는 복식월 또는 복식년을 사용하여 개월수를 작성하는 복식월주기[11]와 복식년주기로 표시하기도 하며, 특수주기 정비부호라고 하여 창정비 주기에 의거 창정비 기간 중 또는 장기 운영하지 않는 장비에 대한 정비지침인 정비주기도 있다.

특수주기 정비부호는 4가지가 있는데 LU(휴지정비)[12], PM(주기정비)[13], OT(작동시험)[14], SU(시동정비)[15]가 있다.

위 정비번호처럼 'A-1R'같은 복합주기 정비부호는 일반적인 정비주기부호(D, W, M, Q, S, A)와 필요 시 정비주기부호(R)가 함께 사용되어지는 정비부호를 말한다. 따라서 이러한 정비부호일 경우 앞에 있는 정비주기부호인 'A'에 의하여 '매년'정비를 하되 뒤에 있는 정비주기부호인 'R' 때문에 '필요시'에도 정비를 하는 정비부호라 할 수 있다.

11) 복식월주기 : 예를들어 '18M'일 경우 18개월마다 정비하는 것으로 매월인 'M'과
12) 휴지정비 : Lay-Up Maintenance
13) 주기정비 : Periodic Maintenance
14) 작동시험 : Operational Test
15) 시동정비 : Start-Up Maintenance

라) 정비계획(Maintenance Schedule)

정비계획은 주기계획, 분기계획, 주간계획표로 구성된다.

(1) 주기계획(Cycle Schedule)

창정비 주기 동안에 실시해야 할 전 정비항목을 분기별로 나눠서 나열한 계획표로 함정에서는 해당 정비조장이 창정비 완료 시기에 맞춰서 PMS편람을 참고하여 작성하고 분대장/부서장/PMS책임장교 순으로 결재를 받는다. 창정비 주기는 창정비와 창정비 사이의 기간을 말한다. 또한 창정비 이후 분기 결정은 PMS사전회의에서 결정한다.

(2) 분기계획(Quarterly Schedule)

1분기(3개월) 동안에 실시해야 할 전 정비항목을 함 행동을 고려하여 주간별로 나열한 계획표이다. 작성은 해당 정비조장이 장비정비정보체계를 이용하여 작성하고 분대장/부서장/PMS책임장교 순으로 결재를 받아서 운용한다. 분기계획표는 다음분기 시작 4주전에 작성한다.

(3) 주간계획(Weekly Schedule)

정비조가 1주일 동안 실시해야할 정비항목의 정비주기를 게시한 계획표이다. 정비조장이 실시해야 할 정비요원을 임명하고 감독하는 데 사용한다. PMS사전회의시 필요사항을 논의할 때 참고하는 자료로 사용한다.

4. 부사관 리더십

부사관은 부대에서 간부이기 때문에 부하대원을 이끌수 있는 리더십이 존재한다. 하지만 계급상 장교의 아래에 있기 때문에 지시를 받으면서 상급자에게 조언을 하고, 부하대원을 지시하고, 이끌 수 있는 특별한 리더십이 필요하다.

가. 리더십이란

일반적으로 리더십이라 함은 상대방을 이끄는 지휘자로서의 능력이자 자질, 통솔력, 지도력 등을 말한다. 그래서 장교들에게는 리더라 칭하여 리더십을 가진 집단이라고 말하지만 막상 같은 간부인 부사관에게는 리더라는 호칭을 잘 하지 않는다. 왜냐하면 부사관에게는 직책 및 계급상 장교보다 하위 집단이라는 인식이 많이 있기 때문이다.

하지만 많은 연구가들이 연구한 것처럼 리더십이라 하면 조직의 목표를 달성하기 위하여 구성원들 개개인에게 영향을 미칠 수 있는 역할을 하는 것이 리더십이라 할 수 있다. 따라서 부사관도 좁게는 각 직별의 목표를 위해, 넓게는 해군의 목표를 위해 구성원 개개인에게 영향을 미칠 수 있는 역할을 하는 사람이기에 리더 이다.

최근의 리더십 유형은 5가지로 통용되고 있다.

1) 위임적 리더십(자유방임주의)

위임적 리더십은 말 그대로 잘 훈련된 그룹원이나, 지도자를 잘 보좌하고 지시에 순응하는 그룹원에게 하는 유형으로 개개인별로 업무량을 지정하여 관리하는 형태라 할 수 있다. 이러한 유형의 단점으로는 진정한 리더십이 필요한 상황에도 남에게 시킨 업무에 대해서는 간섭하지 않으려는 성향이 발생하기도 한다는 것이다. 결국 이러한 리더십은 그룹원 개개인에게 책임을 부여하기 때문에 그룹원들의 능력은 향상 될지 모르나 마감기일이 촉박한 업무일 경우에도 지도자가 그룹원에게 간섭을 하지 못하는 상황이 발생 할 수 있는 것이다.

2) 독재적 리더십

독재적 리더십은 위임적 리더십과는 정반대의 경우라 볼 수 있다. 모든 그룹원들은 지도자가 지시하는 방향대로만 행동하고 진행해야 한다. 외적으로 봤을때에는 전체가 단합되어 보일 수 있지만 내적으로 보면 그룹원의 의견은 무시당하는 형태가 독재적 리더십이라 할 수 있다. 또한 지도자의 능력에 따라 그룹원들이 목표를 향해 빨리 갈 수도 있지만 자칫 낭떨어지로 몰고 갈 수 있다는 단점도 있다.

3) 민주주의적 리더십

민주주의적 리더십은 서양에서 이상적으로 생각하고, 자주 거론되는 리더십의 유형이다. 민주주의적 리더십은 독재적 리더십의 단점을 보완하여 그룹의 의사소통을 최고로 생각하여 지도자가 그룹원들의 반응을 살피며 의견을 물어보며 진행해 나가는 방법이라 할 수 있다. 하지만 이러한 리더십의 단점을 살펴보면 훌륭하고, 준비된 지도자에게는 최고의 리더십이라 할 수 있으나 준비가 부족하거나 동기부여가 부족한 그룹에게는 오히려 단점이 되고, 진행이 되는 것이 아닌 멈춰있는 상황이 발생할 수 있는 단점이 되기도 한다.

4) 거래적 리더십

거래적 리더십의 유형은 스포츠의 감독 등을 예시로 설명할 수 있다. 이러한 유형은 그룹원들은 목적에 중점을 두고 지도자는 그룹의 동기부여를 하는 역할로 하는 유형이라 할 수 있다. 그래서 지도자는 그룹원들이 목적을 이루게 되면 보상이 있지만 목적을 달성하지 못하면 벌을 주는 역할을 담당하는 역할을 감당하고 있다. 이러한 거래적 리더십의 단점으로는 지도자가 해당분야에 대한 전문성을 가지고 있으며, 인정을 받을 경우에는 그룹원들이 동기부여가 되어서 목적을 이룰 수 있지만 지도자의 부족한 부분이 보이기 시작하면 신뢰는 깨어지면서 목적에 달성하지 못하는 단점이 생긴다.

5) 변혁적 리더십

변혁적 리더십은 그룹의 동기에 중점을 두는 것은 거래적 리더십과 동일하지만 동시에 그룹의 활동 자체를 관찰하는 역할을 하는 것이 특징이라 할 수 있다. 이러한 리더십의 지도자는 그룹원들의 동기가 부족하거나, 훈련이 덜 되어 있을 경우 매우 효과적이다. 특히 그룹의 목적에 큰 위압감이 없는 경우에도 좋은 방안이 될 수 있는 장점이 있다.

나. 해군부사관의 리더십

해군은 과거부터 배를 타고 움직이는 공동체적인 생활을 하였다. 따라서 상하관계와 업무분담이 확실하게 자리를 잡아왔다. 왜냐하면 배가 육지를 떠나 바다에 나가게 되면 자신이 맡은 일을 제대로 하지 못하면 주변 동료들이 그 일을 맡아서 해야 함은 물론이고, 배에서의 상하관계가 지켜지지 않으면 배가 침몰 할 수 있을 정도의 위험이 생기기 때문이다.

배의 조직은 크게 사관과 선원(부원)으로 나눌 수 있다. 심지어 일반 상선에서도 항해를 하는 사관과 그 외 업무를 맡은 선원(부원)으로 나누어져 있으며, 부사관 임관제도가 없는 외국 해군에서는 사관과 선원(부원) 개념으로 장교는 사관이고 부사관이하 계층은 선원(부원)으로 운영하고 있다.

이러한 해군의 조직과 우리나라의 부사관(부사관도 간부이다)제도를 접목하게 되면 부원도, 사관도 아닌 애매한 관계가 드러나게 된다. 하지만 부사관도 엄연히 간부이고, 하나의 분야의 전문가로 전문성을 가지기 때문에 예하 부대원 및 수병들을 관리하는 중간 리더의 역할을 수행하는 것은 어느 나라의 선박들과 해군과 별반 다르지 않다.

따라서 해군부사관도 중간 리더의 역할로 리더십이 필요하고, 책임감을 가지고 생활을 해야 한다.

해군부사관은 타군과 달리 함정에 근무하게 되면 해당 직별 수병이 많은 직별(갑판)은 10~20여명이 있지만 적은 직별은 2~3명 있는 직별도 있다. 따라서 적은 인원이지만 수병들을 지시하고 그들을 리더하여 함정의 목표에 맞도록 이끌어야 하는 역할을 수행해야 한다.

특히 부사관은 계급별로 리더십의 유형이 달라진다.

하사의 리더십은 수병을 지휘하는 리더십이 필요하다.

위에서 언급한 것처럼 적은인원 또는 많은 인원의 수병을 지시하고 행동하게끔 하여야 한다. 특히 수병들은 의무복무를 하려고 군에 입영한 장병들이기 때문에 의무적인 행동을 취하게 되고, 따라서 지시받은 업무만 주로 수행하려는 행동성향이 있다. 그리고 수병들은 해당 직별에 대한 전문성이 부사관들에 비하여 낮을 수밖에 없다. 왜냐하면 수병들은 4~6주간의 직별 교육을 받고 실무에 부임하지만 부사관은 16~20주간의 전문교육을 받고 실무에 부임하기 때문이다.

다만 차이점은 수병들 중 상병/병장은 함정에서 해당 직별에 대한 수준이 어느 정도 쌓여있기 때문에 평균적으로 초임하사 못지않은 실력을 갖추고 있다. 따라서 그들의 노하우를 초임하사들은 익혀야 함은 물론이고 그들을 지휘해야 하는 간부의 역할도 감당해야 한다.

중사의 리더십부터는 예하 대원이 수병만 있는 것이 아니라 부사관(하사)도 있기 때문에 하사들의 리더십과는 다른 리더십이 있어야 한다. 왜냐하면 하사들은 같은 부사관으로 수병처럼 리더십을 발휘하게 될 경우 해당 하사는 자신의 위치와 존재감에 회의를 느낄 수 있기 때문이다. 따라서 후배를 가르치기 위한 코치형리더십이 필요하다. 아직 직별 업무에 숙달하지 못한 하사들에게 지시나 명령보다는 조언을 하면서 조직의 목표

달성을 위해 스스로 할 수 있도록 조언해주는 것뿐만 아니라 직별의 업무를 분담하여 수병들에게도 업무를 시킬 수 있는 역할인 코치형으로 리더십을 발휘하여야 한다.

상사 및 원사의 리더십은 위임형 리더십이 있어야 한다. 해군에서 상사 및 원사의 계급은 직별장의 직책으로 한 직별에 대한 전문성도 있고 지휘관인 함장님께 직접 조언을 할 수 있는 위치이기 때문에 이들의 리더십은 위임형 리더십이 있어야 한다. 왜냐하면 직별장 임에도 불구하고 직별 업무에 나서게 되면 중사 및 하사, 수병들까지도 부담이 갈 뿐만 아니라 업무의 효율성에서도 떨어지게 된다. 따라서 직별장은 중사에게 업무를 위임하고, 직별 부사관 및 수병들의 고충과 문제점을 해결하기 위한 포괄적인 업무를 수행하는 것이 필요하다.

5. 부사관 교수법

부사관은 각 분야에 대한 전문가로서 언제 어디서든 자신의 분야에 대하여 예하 수병이나 함 총원에게 설명 해 줄 수 있는 능력을 갖추어야 한다. 따라서 개개인은 자신이 교관의 역할을 수행할 수 있도록 자신의 분야에 대하여 전문가가 되어야 하고, 개인 자료가 준비되어야 한다.

군에 입문하게 되면 가장 많이 듣는 소리가 교육훈련이라는 용어가 된다. 이 용어는 교육과 훈련의 합성어라 할 수 있는데 교육의 어원적 정의를 살펴보면 영어의 'education'이란 단어는 라틴어의 'e'와 'ducare'의 합성어이다. 여기서 'e'는 밖으로 라는 뜻이고, 'ducare'는 끌어낸다라는 뜻이다. 따라서 교육생의 잠재능력이나 내적 소질을 밖으로 끌어낸다고 할 수 있다. 하지만 훈련이란 기본자세나 동작 등을 되풀이하여 익히는 행위나 가르쳐서 익히게 하는 행위라고 사전적으로 정의되어 있다.

이처럼 교육은 교육생의 잠재능력이나 소질을 스스로 밖으로 내도록 도와주는 것이라면, 훈련은 정해진 동작이나 자세 등을 익숙하게끔 지속적으로 반복을 통한 학습이라 할 수 있다. 그래서 군대에서 행해지는 교육훈련이란 용어는 민간인에서 군인으로 전환하는 과정에서 군인화를 위한 훈련과 이 후 자신의 전문분야에 대한 업무 숙달을 위한 교육이 혼합되어 있는 용어라 할 수 있다.

따라서 부사관이 실무에서 가르치는 교육은 교육이자 동시에 훈련이 혼용되어 있다고 할 수 있다. 그리하여 부사관들은 자신의 업무분야에 대한 전문지식을 가져야 함은 물론이고, 이를 어떻게 활용하고 운용하는지 익숙해져 있어서 어떤 상황이 발생하더라도 운용할 수 있는 능력을 갖추어야 하는 것이다.

교육을 위해서는 가장 중요한 가르치는 사람이 있어야 하고 가르치기 위한 교수안이 있어야 한다. 그리고 가르침을 받는 대상도 있어야 한다. 이 세가지 요소가 적절히 조화를 이루어야 제대로된 교육이 될 뿐만 아니라 정확한 목적으로 교육을 실시할 수 있다.

교수법에서 가장 중요한 역할인 교관에 대해 알아보자.

교관은 어떤 내용을 어떻게 가르치고, 누구에게 가르쳐야 할지 계획을 해야 한다. 또한 교육을 하게 되면 효과적으로 교육을 실시 할 수 있도록 실행에 옮겨야 하며 교육을 받는 대상이 얼마나 이해했는지 평가를 한다.

이 평가를 통하여 교관은 수업의 진행방법을 개선하는 피드백 역할을 수행한다. 각 직별에서 초급반, 중급반, 고급반 등 직별 전문교육을 가르치는 교관은 각 직별에서 인정받는 우수인력이 선발되어 가르친다고 할 수 있다.

하지만 함정에 부임하게 되면 부사관들은 자신의 직별 교관의 역할을 수행 할 수 있어야 함은 물론이고, 초임장교의 교관역할도 수행하여야 한다. 함정의 특성상 조용한 장소에서 가르칠 수 있는 것이 아니라 시끄러운 장비 옆에서도 가르칠 수 있고, 공간이 협소한 곳에서도 교육을 할 수도 있다. 그래서 교관의 역할을 수행하기 위해서는 언제 어떠한 여건에서도 교육이 이루어 질 수 있도록 상시 준비를 해야 한다.

교관들이 명심해야 할 사항은 다음과 같다.

가. 정확한 지식 전달

무엇보다 정확한 지식을 전달하는 것이 최우선의 목표이다. 자신이 얼마나 많이 알고 있는지 뽐내는 자리가 아닌 후배 부사관 및 수병들이 얼마나 많이 이해하고 배워가는지가 중요한 것이다.

나. 편법 교육 금지

부사관으로 근무하면서 익힌 요령이나 노하우를 가르칠수는 있다. 하지만 이러한 가르침이 배우는 입장에서 볼 때 정석인 듯 보이게 된다면 결국 문제가 발생할 경우 비상대처할 방법이 없어진다. 따라서 교재에 나와있는 정석대로 가르쳐야 한다.

다. 모범적 자세 견지

교육시간에는 반드시 규정된 복장 및 도구를 준비하고 정확한 지침에 따라 장비를 운용해야 한다. 특히 정확한 순서에 맞추어 교육을 실시하지 않을 경우 교육을 받는 교육생의 입장에서는 혼란이 생길 뿐만 아니라 정비를 할 수 없는 상황이 발생하게 된다.

라. 통일된 용어 사용

실무에서 사용하는 용어와 교재에 나와있는 용어가 다른 경우가 있다. 그래서 임관 후 첫 부임지에서 어떤 장비인지 또는 도구인지 파악을 하지 못하는 경우가 발생하기도 한다. 따라서 실무에서 사용하는 용어보다 교재에 나와 있는 정석대로의 용어를 사용하여 혼돈을 없애야 한다. 특히 교관은 정확한 명칭을 알고 그 용어를 사용할 줄 아는 것이 가장 중요하다.

마. 실전적 교육

훈련을 할 때에 가장 효과적인 방법은 직접 보여주고 만지게 하는 것이다. 따라서 후배 부사관이나 수병들에게 교육할 경우 직접 사용하게 해보고, 미비할 경우 직접 개입하여 지도하는 것이 필요하다.

바. 맞춤식 교육

상병 및 병장의 경우 실무의 노하우가 많이 축적되어 있기 때문에 이병들의 교육방식으로 가르치게 되면 결국 교육의 질은 떨어지게 된다. 교육을 받는 대상자의 수준에 맞춘 교육을 실시하여 업무의 효율을 향상시키는 역할이 교관의 역할이 된다. 따라서 교관도 매번 새로운 지식을 얻을수 있도록 노력하여야 한다.

사. 반복 교육

군대 교육은 반복교육이다. 반복교육만큼 오래 남아있는 지식이 없을 만큼 지속적으로 반복하고, 반복해야 실전에 인명사고나 장비사고 없이 성공적으로 임무를 수행할 수 있기 때문이다.

교수안을 작성하기 위해서는 대부분의 부대에서는 파워포인트(PPT)로 교수안을 만들고 있다. 각 함정마다 고유의 양식이 있어서 그 양식을 사용한다. 교수안을 구성할 때에는 서론, 본론, 결론의 3단구성이나 기승전결의 4단 구성으로 만들 수 있다. 대부분의 시작부에서는 교육생의 주의를 집중시키기 위한 간단한 질문으로 시작하거나 유머로 시작하게 된다. 또한 교관의 경험담을 이야기 하면서 주의집중을 시키면서 앞으로 어떤 내용을 가지고 어떤 순서로 설명할지를 설명 하면 된다.

다음 중간부분에서는 진정한 교육의 핵심이라 할 수 있다. 따라서 논리적으로 구성되어야 하고 글만 적혀있는 형식보다는 그림이나 표 형식으로 주의를 환기시켜주어 다시 집중 할 수 있도록 하여야 한다. 마지막 부분에서는 마무리를 하면서 중요한 부분을 한번 더 정리해 주는 형식으로 끝을 내고 질의응답시간을 가지면 된다.

대학교에서 조별과제를 작성하게 되면 다양한 파워포인트 발표과제를 하게 된다. 하지만 이러한 파워포인트에서 중요한 역할은 글자체와 위치, 그리고 색깔이라 할 수 있다.

먼저 글자체는 한글 윈도우에 설치되어 있는 기본 글자체인 명조체, 굴림체, 바탕체, 고딕체 등을 사용하는 것이 가독성이 높다. 왜냐하면 자신의 컴퓨터에서는 다양한 서체를 활용하여 작업을 하였지만 교육을 위한 다른 컴퓨터에서 해당 글씨체가 없을 경우 글자체가 틀어지면서 오히려 주의집중을 떨어트리는 효과가 발생하게 된다.

글자의 위치도 중요하다. 여백이 없이 빽빽하게 작성한 자료는 교육하는 교관도 힘들 뿐만 아니라 교육을 받는 교육생의 입장에서도 상당히 힘든 시간이 될 수 있다. 또한 위치가 정 중앙에서 좌우로 균형을 이루어야 안정감을 느껴서 집중을 할 수 있으나 한쪽으로 몰려있을 경우 심리적으로 불안감을 조성하여 집중을 흩트리는 일이 발생하게 된다.

색이 주는 역할도 가장 중요하다.

해군은 대부분 파란색 계열을 활용하고 있다. 이러한 색깔의 효과는 지적이며 정확한 정보라는 이미지를 전달하는 색깔이기 때문에 더욱 활용도가 높기도 하다. 하지만 그렇다고 푸른 계통의 색만 사용하면 차가운 느낌을 받으면서 사람의 집중을 떨어트리는 역효과가 발생할 수 있다. 뿐만 아니라 색을 사용할 때에도 하나의 자료에 3~4개의 색을 사용해야 복잡하거나 산만한 느낌이 없이 다양한 느낌으로 집중을 할 수 있게 된다.

Chap. 4

미래의 해군부사관

1. 해군부사관의 역할

2. 해군부사관의 위상

제 4 장 미래의 해군부사관

1. 해군부사관의 역할

해군홈페이지에 나와 있는 부사관의 역할은 다음과 같이 명시하고 있다.

부사관은 부대의 전통을 유지하고 명예를 지키며, 전투력발휘의 중추이자 부대 운영의 최일선에서 역할을 수행하고 있는 간부이다. 또한, 부사관은 장교를 보좌하며, 부대운영·계획의 실질적인 이행과 그 중간 관리자로서의 역할과 임무를 수행한다.

최근 해군에서 부사관의 정예화를 위해서 여러 방안을 모색하고 있다. 부사관의 정예화라는 것은 초급간부인 부사관의 능력이 우수하고 뛰어남과 동시에 그런 인재가 되기 위한 방안을 마련하고 있는 것이다. 그리하여 직별별로 전문분야를 세부적으로 정하여 예를들어 같은 갑판 직별이라 하여도 상륙함형, 구조함형, 소해함형 등 직별에서도 전문적인 분야로 세분화 하는 작업을 하고 있다.

특히 국방개혁에 따라 부사관의 위상이 향상되고 기술위주의 군 조직구조로 개편되기 때문에 자신의 전문분야에 대한 끊임없는 노력과 학문연구에 최선을 다해야 한다.

태평양 전쟁 당시 미 해군 3함대사령관 윌리엄 헐시(William F. Halsey. Jr.) 제독은 군함은 물위에 떠 있는 것이 아니라 CPO들이 받쳐

듣고 있는 것이라 하였고, 미 해군에서는 "함정에 문제가 발생하거나 조언이 필요할 경우에는 언제든지 CPO에게 물어보라(Ask the Chief!)"라는 격언도 있다. 이렇듯 해군부사관은 자신의 분야에 대한 전문성이 있는 전문가이자 권위자가 되어야 하는 것은 물론이고 국가에 대한 충성심과 희생정신이 함양되어야 한다.

국방부훈령 중 2012년 개정된 부사관의 책무를 보면 부사관의 임무와 역할에 대하여 자세히 나와 있다.

제1절 책무

제16조(책무) 복무상 책무는 다음 각 호와 같다.

4. 부사관은 군 전투력 발휘의 중추적 역할을 수행한다. 따라서 부사관은 군사전문성을 바탕으로 다음과 같은 책무를 진다.
   가. 전투지휘자로서 전시에는 전투에서 승리할 수 있도록 부하를 이끌며, 평시에는 부하들의 전투기술을 향상시키기 위한 교육훈련을 주도하여야 한다.
   나. 전투기술자로서 해당 무기체계 및 장비의 운용·유지보수의 전문가가 되어야 한다.
   다. 기능분야 전문가로서 전투력 발휘 및 유지와 관련된 지원 업무를 수행하여야 한다.
   라. 부대전통 계승자로서 전투중심의 부대전통을 유지하고 이를 계승·발전시켜야 한다.

표 4-1 부사관의 책무

즉, 부사관은 군사전문성을 가지고 전투지휘자, 전투기술자, 기능분야 전문가, 부대전통 계승자로서 역할을 감당하여야 한다.

가. 전투지휘자로서 부사관의 임무

전투지휘는 장교만 한다는 생각에서 벗어나 간부로서 전투지휘를 할 수 있어야 한다. 특히 함정에서 근무를 하므로 함정에서 수행하는 기본적인 전술 및 기술에 대하여 숙지하여야 하고, 이를 부하 대원에게 교육하여 전투기술 향상에 최선을 다하여야 한다.

함정은 전시와 평시 상관없이 항상 승조원이 정해져 있기 때문에 평시에는 교육·훈련을 중심으로 전투력을 향상시켜야 하고, 전시에는 평시에 준비한 교육·훈련을 바탕으로 싸우면 이길 수 있는 전투력을 발휘하도록 부하 대원들을 관리 및 지도하여야 한다.

나. 전투기술자로서 부사관의 임무

부사관은 전투기술자로서 자신이 맡은 무기체계 및 장비에 대하여 운용, 유지보수의 전문가가 되어야 한다.

해군의 함정은 첨단 장비와 무기체계로 이루어진 집합체이다. 이러한 함정에서 부사관은 자신의 분야에 맞는 장비를 운용함은 물론이고, 문제점 발생 시 유지보수를 할 수 있는 능력을 갖추어야 한다. 왜냐하면 함정은 육상에서 이탈하여 항해를 시작하면 다시 육상에 들어올 때까지 문제가 발생하더라도 자체적으로 해결하여야 한다. 따라서 자신이 맡은 장비에 대한 전문지식이 없으면 승조원의 생명을 위협할 정도로 중요한 임무를 가지고 있다.

그래서 부사관은 전투기술자로서 끊임없는 교육훈련과 자기개발을 통하여 장비와 무기체계에 대한 이해를 높여서 장비 성능을 100% 발휘 할 수 있는 기술자가 되어야 한다.

다. 기능분야 전문가로서 부사관의 임무

함정은 혼자의 힘으로 활동 할 수 없다. 즉, 자신의 직별 하나만으로 함정을 움직일 수 없는 것이다. 따라서 여러 분야의 전문가인 타 직별 부사관들과 연합하여 활동을 하여야 한다.

부대 내에서 여러 기능분야를 통합하여 전투력 발휘 및 임무수행을 하는 중심에는 장교가 있지만, 장교가 모든 것을 할 수 없고 부사관은 각 분야의 전문성을 가지고 있기 때문에 이를 활용하여 전투력 강화에 힘써야 한다.

라. 부대전통 계승자로서의 부사관의 임무

부대전통은 다양하게 해석 할 수 있다. 각 부대의 고유 업무가 될 수도 있고, 부대가 가지고 있는 역사적 가치가 될 수도 있다. 이러한 전통을 계승하는 역할이 바로 부사관의 역할이지 임무이다.

창군이후 열악한 환경에서 지금까지 성장해 온 해군은 부사관의 부대전통을 계승하기 위한 임무를 잘 수행하였기에 가능하다고 할 수 있다. 특히 여러 분야의 전문가가 모여서 하나 된 해군을 만들기 위하여 노력하기에 가능하였다.

부사관은 장교에 비하여 인사주기가 길고 한 부대에 오래 근무하는 특징이 있다. 따라서 그 부대의 전통을 유지하고 발전·계승시키는 역할은 해당부대의 부사관이 얼마나 노력하느냐에 달렸다고 볼 수 있다.

> 나는 '프로'임을 망각하지 않을 것이며, 또한 리더임을 항상 염두에 두겠습니다. 그리고 무엇보다도 '부사관'임을 절대 잊지 않을 것입니다.
>
> – 미 해군부사관 선서 중 –

2. 해군부사관의 위상

가. 해군의 위상

대한민국 해군은 연안해군에서 대양해군으로 전환을 하고 있다. 특히 독도급 강습상륙함과 이지스급 구축함, 소양급 군수지원함 등 연안에서 활동하는 체계에서 대양에서도 활동이 가능하도록 전력화를 하고 있다. 따라서 우리 해군은 우리나라의 연안을 지키는 것 뿐만 아니라 이제 대양으로 뻗어나가서 우리나라 국민이 있는 곳이면 어디든 지킬수 있는 해군으로 변화되고 있다.

해군의 해외 파병 중 대표적인 사례는 청해부대와 해성부대가 있다.

청해부대는 우리나라의 충무공이순신급 구축함이 소말리아 해역의 해적으로부터 우리나라 상선 및 우방국의 상선을 보호하는 임무로 2010년부터 지금까지 계속 파병되어 지키고 있다. 그 예로 아덴만 여명작전으로 삼호주얼리호 선원을 구출한 사건과 리비아 내전 당시 교민 철수작전 지원 등 우리가 뉴스로 접한 많은 사건들이 청해부대에서 활약한 사건들이다.

또한 해성부대는 테러 예방을 위해서 국제적 연대에 동참함은 물론이고, 미국의 동맹국으로 대테러 작전에 필요한 지원 및 협력을 하기 위하여 아프가니스탄에 상륙함을 2001년부터 2003년까지 파병한 사례이다. 총 6회 파병을 하였으며 상륙함 4척이 15회의 5300여 톤의 군수를 지원하였으며 재난 및 구호 물자 수송 17회 등 임무를 수행하였다. 특히 국제평화유지활동으로 참여한 만큼 괌 인근에서 작전 임무차 항해 중 표류하고 있는 선원을 구출하여 대한민국의 위상을 드높이는 활약을 하였다.

이처럼 대한민국 해군은 우리나라 국민이 있는 곳이면 어디든 가서 지킬 수 있는 능력을 갖추게 되었고, 국제적으로 도움을 요청하면 여러 나라와 어깨를 나란히 할 수 있는 능력을 갖추게 되었다고 해도 과언이 아니다.

나. 해군부사관의 위상

해군의 위상이 높아짐에 따라, 해군의 함정의 첨단화로 해군부사관의 위상도 높아지게 되었다. 특히 해군에 입대하는 부사관의 학력도 전문대 또는 4년제 대학을 졸업하고 입대하는 장병이 많아지고, 심지어 군에서 자신의 전문분야의 지식을 쌓기 위해서 대학원 진학 등 다양한 능력을 갖추게 되었다.

해군부사관은 해양에 관한 전문가로 함정운용에 관한 전문지식도 가지고 있고 해양보호에 관한 지식도 가지고 있다. 또한 해군 항공단을 보유하고 있기에 해군부사관은 해군이지만 항공분야에 관한 전문지식을 가지고 있는 부사관도 있다.

이처럼 과거에는 부사관의 대우가 장교의 아래라는 생각에 많이 폄하되어 생활하였지만 최근에는 장교와 동등한 능력을 갖춘 부대의 참모역할을 수행하고 있다.

부사관은 장교와 달리 근무지역 이동이 적을 뿐만 아니라 함정간의 이동도 2~3년으로 오래 근무하는 장점이 있다. 따라서 해당부대에 근무하면서 그 부대의 전통을 유지하고, 하나의 업무를 지속적으로 수행함으로 인하여 전문성을 갖춘 하나의 전문가가 만들어진다고 할 수 있다. 또한 현재에 머무르지 않고 자신의 분야를 개척하거나, 높은 수준의 학업으로 진학을 통하여 여러 분야를 고르게 익히는 장교보다 한 분야의 전통이 있는 전문가로서 역할을 수행하고 있다.

해군부사관의 미래는 함정이 대형화, 첨단화 될수록 더 중요성을 발휘하게 되고, 이를 통하여 더욱 많은 인재가 필요하게 된다. 따라서 해군부사관은 자신이 맡은 분야의 전문가로 성장하여 대양해군이 되는데 중요한 역할을 수행하여야 한다.

부 록

1. 해군 함정의 종류
2. 해군부사관의 군사특기(직별)
3. 특수 임무 부사관
4. 기장의 종류
5. 국제신호기
6. 읽을거리

부록 1. 해군함정의 종류

1. 전투함

가. 광개토대왕급 구축함

1) 제원

배수량	경하 3,200톤 / 만재 4,000톤
크기(길이/폭/흘수)	135.5m / 14.2m / 4.2m
승조원	220명
속도	최대 30노트 / 순항 18노트

2) 보유함

함명	함종	함번	진수일	취역일
광개토대왕	DDH	971	1996년 10월	1998년 7월
을지문덕	DDH	972	1997년 10월	1999년 8월
양만춘	DDH	973	1998년 10월	2000년 6월

나. 충무공이순신급 구축함

1) 제원

배수량	경하 4,400톤 / 만재 5,520톤
크기(길이/폭/흘수)	150m / 17.4m / 7.3m
승조원	300명
속도	최대 30노트 / 순항 20노트

2) 보유함

함명	함종	함번	진수일	취역일
충무공이순신	DDH	975	2002년 5월	2003년 11월
문무대왕	DDH	976	2003년 4월	2004년 9월
대조영	DDH	977	2003년 11월	2005년 6월
왕건	DDH	978	2005년 5월	2006년 11월
강감찬	DDH	979	2006년 3월	2007년 10월
최영	DDH	981	2006년 10월	2008년 9월

다. 세종대왕급 이지스구축함

1) 제원

배수량	경하 7,600톤 / 만재 10,000톤
크기(길이/폭/흘수)	165.9m / 21.4m / 6.25m
승조원	300명
속도	최대 30노트 / 순항 22노트

2) 보유함

함명	함종	함번	진수일	취역일
세종대왕	DDG	991	2007년 5월	2008년 12월
율곡이이	DDG	992	2008년 11월	2010년 8월
서애류성룡	DDG	993	2011년 3월	20112년 8월

라. 울산급 호위함

1) 제원

배수량	경하 1,496톤 / 만재 2,180톤, 2,300톤
크기(길이/폭/흘수)	102m / 11.5m / 3.5m
승조원	120명
속도	최대 34노트 / 순항 16노트

2) 보유함

함명	함종	함번	진수	취역
마산	FF	955	1984년	1985년
경북	FF	956	1985년	1986년
전남	FF	957	1988년	1990년
제주	FF	958	1988년	1990년
부산	FF	959	1992년	1992년
청주	FF	961	1992년	1992년

마. 인천급 호위함

1) 제원

배수량	경하 2,300톤 / 만재 3,251톤
크기(길이/폭/흘수)	114.3m / 14m / 4.0m
승조원	140명
속도	최대 30노트 / 순항 18노트

2) 보유함

함명	함종	함번	진수일	취역일
인천	FFG	811	2011년 4월	2012년 12월
경기	FFG	812	2013년 7월	2014년 10월
전북	FFG	813	2013년 11월	2014년 12월
강원	FFG	815	2014년 8월	2016년 1월
충북	FFG	816	2014년 10월	2016년 1월
광주	FFG	817	2015년 8월	2016년 11월

바. 대구급 호위함

1) 제원

배수량	경하 2,800톤 / 만재 3,650톤
크기(길이/폭/흘수)	122m / 14.2m / 4.15m
승조원	120명
속도	최대 30노트 / 순항 15노트

2) 보유함

함명	함종	함번	진수	취역
대구	FFG	818	2016년 6월	2018년 8월

사. 포항급 초계함

1) 제원

배수량	기준 950톤 / 만재 1,220톤
크기(길이/폭/흘수)	88.3m / 10m / 2.9m
승조원	95명
속도	최대 32노트 / 순항 15노트

2) 보유함

함명	함종	함번	취역
순천	PCC	767	1989년
익산	PCC	768	1989년
원주	PCC	769	1989년
안동	PCC	771	1988년
부천	PCC	773	1990년
성남	PCC	775	1990년
제천	PCC	776	1990년
대천	PCC	777	1991년
속초	PCC	778	1991년
영주	PCC	779	1991년
남원	PCC	781	1991년
광명	PCC	782	1991년
신성	PCC	783	1992년
공주	PCC	785	1993년

아. 윤영하급 유도탄고속함

1) 제원

배수량	경하 440톤 / 만재 570톤
크기(길이/폭/흘수)	63m / 9m / 3m
승조원	40명
속도	최대 40노트 / 순항 25노트

2) 보유함

함명	함종	함번	진수	취역
윤영하	PKG	711	2007년 6월	2008년 12월
한상국	PKG	712	2009년 9월	2011년 9월
조천형	PKG	713	2009년 9월	2011년 9월
황도현	PKG	715	2009년 12월	2012년 1월
서후원	PKG	716	2009년 12월	2011년 11월
박동혁	PKG	717	2010년 7월	2011년 11월
현시학	PKG	718	2010년 7월	2011년
정긍모	PKG	719	2010년 11월	2011년 12월
지덕칠	PKG	721	2010년 11월	2011년 12월
임병래	PKG	722	2012년 11월	2011년 9월
홍시욱	PKG	723	2012년 11월	2013년 10월
홍대선	PKG	725	2012년 11월	2013년 11월
한문식	PKG	726	2013년 4월	2014년 1월
김창학	PKG	727	2013년 4월	2014년 1월
박동진	PKG	728	2013년 4월	2014년 4월
김수현	PKG	729	2014년 4월	2014년 9월
이병철	PKG	733	2014년 6월	2014년 12월
전병익	PKG	732	2016년 6월	2018년 1월

자. 장보고급 잠수함

1) 제원

배수량	수상 1280톤 / 수중 1350톤
크기(길이/직경)	55.9m / 6.2m
승조원	45명
최고속도	수상 11노트 / 수중 22노트

2) 보유함

함명	함종	함번	진수	인수
장보고	SS	061	1991년 9월	1992년 10월
이천	SS	062	1992년 10월	1994년 4월
최무선	SS	063	1993년 8월	1995년 2월
박위	SS	065	1994년 5월	1995년 8월
이종무	SS	066	1995년 5월	1996년 8월
정운	SS	067	1996년 5월	1997년 8월
이순신	SS	068	1998년 5월	2000년 1월
나대용	SS	069	1999년 6월	2000년 11월
이억기	SS	071	2000년 5월	2001년 11월

자. 손원일급 잠수함

1) 제원

배수량	수상 1700톤 / 수중 1860톤
크기(길이/직경)	65m / 6.3m
승조원	32명
최고속도	수상 12노트 / 수중 20노트

2) 보유함

함명	함종	함번	진수	인수
손원일	SS	072	2006년 6월	2007년 12월
정지	SS	073	2007년 6월	2008년 12월
안중근	SS	075	2008년 6월	2009년 12월
김좌진	SS	076	2013년 8월	2014년 12월
윤봉길	SS	077	2014년 7월	2016년 6월
유관순	SS	078	2015년 5월	2016년 11월
홍범도	SS	079	2016년 4월	2018년 1월
이범석	SS	081	2016년 11월	(2018년예정)
신돌석	SS	082	2017년 9월	(2018년예정)

차. 독도급 대형상륙함

1) 제원

배수량	기준 14500톤 / 만재 19000톤
크기(길이/폭/흘수)	200m / 31m / 7m
승조원	330명 / 상륙병력 : 해병 720명
속도	23노트
함재가능 항공기	UH-1, AH-1, Ka-32, KUH-1, AW159, AW101, CH-46 / 최대 7대
탑재가능 상륙장비	기본 : LCAC(LSFF-2, 솔개급) 2대 추가 : 전차 6대, KAAV7 7eo

2) 보유함

함명	함종	함번	진수	취역
독도	LPH	6111	2005년 7월	2007년 7월
마라도	LPH	6112	2018년 5월	2020년 계획

카. 고준봉급 상륙함

1) 제원

배수량	기준 2900톤 / 만재 4900톤
크기(길이/폭/흘수)	113m / 16m / 3m
승조원	120명 / 상륙병력 : 해병 240명
속도	16노트
수송능력	차량 700톤, 상륙정 200톤

2) 보유함

함명	함종	함번	진수	취역
고준봉	LST	681	1990년	1994년
비로봉	LST	682	–	1998년
향로봉	LST	683	–	1999년
성인봉	LST	685	1999년	1999년

타. 천왕봉급 상륙함

1) 제원

배수량	기준 4900톤 / 만재 8000톤
크기(길이/폭/흘수)	127m / 20m / 5m
승조원	120명 / 상륙병력 해병 300명
속도	23노트
상륙시설	웰독(WELL DOCK), LCU또는 LCM 3척, 현측램프 25톤, 크레인 65톤, 크레인 28톤 중형헬기 2대 수용가능

2) 보유함

함명	함종	함번	진수	취역
천왕봉	LST	686	2013년 9월	2014년 11월
천자봉	LST	687	2015년 12월	2017년 7월
일출봉	LST	688	2016년 10월	2018년 4월
노적봉	LST	689	2017년 11월	2018년 11월

파. 원산급 기뢰부설함

1) 제원

배수량	기준 2600톤 / 만재 3300톤
크기(길이/폭/흘수)	103m / 15m / 3m
승조원	150명
속도	22노트
소나	시그널 PHS-32 선저 소나
무장(기뢰)	후방 기뢰 투하 레일 2기 K-701, K-739 기뢰 300~500발

2) 보유함

함명	함종	함번	진수	취역
원산	MLS	560	–	1998년

하. 남포급 기뢰부설함

1) 제원

배수량	기준 3000톤 / 만재 4200톤
크기(길이/폭/흘수)	114m / 17m / 5m
승조원	120명
속도	23노트
소나	LIG넥스원-STX SQS-240K 선저 소나
무장(기뢰)	원산함과 비슷한 기뢰부설 체계
항공시설	비행갑판, 대형 헬리콥터 격납고 UH-60P 1기 또는 MH-53 1기(미군)

2) 보유함

함명	함종	함번	진수	취역
남포	MLS	570	2015년 5월	2017년 6월

거. 강경급 기뢰탐색함

1) 제원

배수량	기준 450톤 / 만재 510톤
크기(길이/폭/흘수)	46m / 8m / 2m
승조원	46명
속도	15노트
소나	GEC-MARCONI TYPE 2093 가변심도 소나 193M Mod 1
소해 장비	무인기뢰처리기(MDV)
탑재 수상정	Gaymarine 플루토 2기

2) 보유함

함명	함종	함번	취역
강경	MHC	561	1986년
강진	MHC	562	1991년
고령	MHC	563	1991년
김포	MHC	564	1993년
고창	MHC	566	1993년
김화	MHC	567	199?년

너. 양양급 소해함

1) 제원

배수량	기준 730톤 / 만재 880톤
크기(길이/폭/흘수)	60m / 11m / 3m
승조원	60명
속도	15노트
소나	GEC-마르코니 2093형 기뢰소해용 가변 심도 소나
소해 장비	무인기뢰처리기(MDV) 자기/음향 복합 기뢰 소해구
탑재 수상정	Gaymarine 플루토 소해용 UUV 2기

2) 보유함

함명	함종	함번	취역
양양	MSH	571	1999년 12월
옹진	MSH	572	2003년 10월
해남	MSH	573	2004년 10월

2. 전투지원함

가. 천지급 군수지원함

1) 제원

배수량	기준 4200톤 / 만재 9200톤
크기(길이/폭/흘수)	136m / 17.8m / 6.5m
승조원	130명
속도	20노트
보급품 탑재량	연료 및 식수 4,200톤 식량 450톤 탄약 450톤
항공시설	비행갑판(격납고 없음)

2) 보유함

함명	함종	함번	진수	취역
천지	AOE	57	1990년 5월	1991년 12월
대청	AOE	58	1997년 1월	1997년 11월
화천	AOE	59	1997년 1월	1998년 3월

나. 소양급 군수지원함

1) 제원

배수량	기준 10000톤 / 만재 23000톤
크기(길이/폭/흘수)	190m / 25m / 8m
승조원	140명
속도	24노트
보급품 탑재량	유류 10,000톤 식량, 탄약 1,000톤
항공시설	비행갑판(격납고 있음)

2) 보유함

함명	함종	함번	진수	취역
소양	AOE	51	2016년 11월	2018년 9월

다. 청해진급 잠수함구조함

1) 제원

배수량	기준 3200톤 / 만재 4300톤
크기(길이/폭/흘수)	102m / 16m / 5m
승조원	130명
속도	18노트
구조장비	자동함위유지장치(DSP) 심해잠수장비(DDP) 심해구조잠수정(DSRV)
항공시설	비행갑판(격납고 없음)

2) 보유함

함명	함종	함번	진수	취역
청해진	ASR	21	1995년	1996년

라. 통영급 수상함구조함

1) 제원

배수량	기준 3500톤 / 만재 4700톤
크기(길이/폭/흘수)	107m / 17m / 5m
승조원	120명
속도	21노트
구조전 장비	함수 5t, 함미 15t 크레인 대양예인용 토잉윈치(예인능력 14,500t) 인양용 권양기(인양능력 500t) 감압용 챔버 표면공급잠수체계 수중무인탐사기(ROV) UH-60급 헬기 1기 착함 가능한 비행갑판 화재진압용 물대포

2) 보유함

함명	함종	함번	진수	취역
통영	ATS	31	2012년 9월	2014년 12월
과양	ATS	32	2015년 6월	2016년 10월

부록 2. 해군부사관의 군사특기(1직군 항해직별)

1. 갑판

갑판 부사관은 함정 출·입항 관련 각종 장비를 취급하고, 함정의 작전, 훈련업무를 수행하기 위하여 상륙함 운용법, 조난자 구조법, 함정예인 및 해상보급법 등 각종 갑판기술을 습득하며, 행정업무로는 부대제반 행사 보좌, 군기확립업무 등 부대 운용에 필요한 포괄적 업무를 담당한다.

2. 조타

조타부사관은 안전항해 도모와 항해보좌 임무를 수행하기 위하여 국제해상충돌예방규칙 및 각종 항해술을 숙지하고 항해장비 운용기술과 조타요령 숙달 등 항해사로서의 함정을 조종하는 이론과 기술을 습득하며, 작전/훈련 시 항공기 및 함정을 식별하여 시각 전투정보 제공과 필요시에는 기상관측 업무를 담당한다.

3. 무장

무장부사관은 해상화기, 지상화기, 탄약/폭발물, 유도 · 수중무기 및 이와 관련된 장비 · 장치 · 수리부속 등에 대한 운용 · 정비에 관한 업무를 담당하고, 함포 사격 및 유도탄 모의발사 등 부서장(전투체계관, 포술장) 지휘하에 함포 및 유도탄 무장을 담당한다.

4. 사통

사통부사관은 사격통제체계, 전투체계, 유도탄 조사기 및 이와 관련된 장비 · 장치 · 수리부속 등에 대한 운용 · 정비에 관한 업무를 담당한다.

5. 전탐

전탐부사관은 함정의 전투정보상황실에서 각종 레이더 및 탐지장비를 운용하고, 일반 항해 및 전투, 훈련 상황시 최신 전술정보를 수집 제공하여 지휘관이 최종 평가할 수 있도록 권고, 보좌하는 업무를 담당한다.

6. 음탐

음탐부사관은 음탐기를 운용하여 수중에 있는 물체를 탐지/식별하여 적으로부터 대항 하여야 한다. 장비성능유지를 위해 안전수칙을 준수하고 주기적인 정비 및 성능검사를 실시하여야 한다. 특히, 장비운용에 대해 최고의 전문가가 되어야하며 음탐분야에 대해 많은 지식을 습득하여 실무생활에 적용하여야 한다.

7. 정통

정통부사관의 정통은 정보통신을 줄인 용어로 위성통신장비, 디지털 전문처리체계, 네트워크 중심의 정보 통신기반체계, 유·무선 통신장비, 전산기 및 주변장치 운용 정비에 관한 업무를 담당한다.

8. 전자

전자부사관은 기초전자이론, 전자공학 등의 전문지식을 쌓고, 최첨단 정보화시대의 핵심인 각종 통신전자 분야의 각종 전자장비의 예방정비와 수리 업무에 대한 전자 기술을 습득하며, 정자·정보통신 분야의 장비를 효율적으로 운용/정비하는 업무를 담당한다.

9. 전자전

전자전부사관은 장비 및 부속되는 기긱를 운영하고 각종 전자정보를 수집, 분석, 식별, 평가, 필요시 전자대항책을 실시하며, 전자전 장비를 정비 유지하는 업무를 담당한다.

10. 보수

보수부사관은 함정의 손상통제 및 수리/정비 업무를 담당하며 선체취환, 수리, 용접, 배관설비, 공작기계를 이용한 수리 부속품 가공 및 화재,

침수, 선체 파손시 손상을 복구하여 함 안전과 전투력을 유지시키는 업무를 담당한다.

11. 추기

추기부사관의 추기는 추진기관의 약어로 가스터빈·디젤기관 및 추진계통(엔진, 감속기어, 가변추진기), 냉동장치, 통풍장비, 각종 부속장치 작동계통 등에 대한 운용·정비에 관한 업무를 담당한다.

12. 전기

전기부사관은 함내에 설치되어 있는 전기시설, 장비 등의 원활한 가동 및 유지를 위하여 배전, 조명설비 등을 보수·유지·수리를 실시한다. 또한 전동기, 발전기, 자이로 등에 대한 운용유지·수리 및 기타 전기회로, 추진제어 계통 등에 대한 검사수리에 관한 업무를 담당한다.

부록 3. 특수임무 부사관

1. 직별 교관 및 관찰관

가. 직별 교관

직별 교관은 각 직별에 대한 교육을 담당하는 부사관으로 중사부터 원사까지 선발한다. 이 교관들이 거주하는 사무실인 교관실의 대표하는 직책은 해당직별 담당관으로 직별 준위 1명이 선발되어 교관실을 책임·운영하고 있다.

교관들은 정규교육과정인 병과정, 초급반과정, 중급반과정, 고급반과정과 비정규교육과정인 보직전과정을 담당하고 있다.

교관선발 자격은 해군 교관선발규정에 따라 해당계급의 교육과정 성적이 상위 1/3이내이어야 지원 할 수 있다. 즉, 각 직별에서 인정받은 유능한 부사관이 갈 수 있는 보직이 교관이고, 가슴에 교관휘장을 달 수 있는 것이다.

나. 직별 관찰관

교관은 해당계급의 교육을 담당한다면 관찰관은 실무에서 업무 및 전문분야를 얼마나 잘 이해하고, 활용하는지 평가를 하는 평가관의 역할이라 할 수 있다. 관찰관도 하나의 보직으로 각 직별에서 우수한 실력과 교육성적을 갖춘 부사관으로 선발하고 있으며 상사 및 원사로 구성되어 있다. 이 관찰관은 함정에서 하는 각종 검열 및 점검시 참관하여 평가하고 직별 부사관들에게 실무와 관련된 교육을 하는 업무를 수행한다.

2. 잠수함 승조 부사관

잠수함부대에 근무하는 부사관은 잠수함 특성상 은밀성을 이용한 다른 전력이 수행할 수 없는 작전을 수행하기 위하여 별도 선발된 부사관이라 할 수 있다. 잠수함 승조 부사관이 되려고 하면 전 직별이 지원을 할 수 있는게 아니라 특정 직별만 지원을 하게 된다. 잠수함 승조 부사관은 다음과 같다.

갑판사	조타사	무장사
전탐사	음탐사	정통사
전자사	추기사	전기사
의무사	행정사	조리사

잠수함 승조 부사관이 되기 위해서는 만 35세 이하의 교육 후 3년 이상 근무할 수 있는 부사관을 대상으로 선발하며 지원자는 잠수함부대의 특수신체검사를 합격해야 한다. 신체검사를 합격한 부사관을 대상으로 잠수함 기본과정 교육과 직별교육을 6주 ~ 26주 이수하여 잠수함에 배치하게 된다. 잠수함 숭조 부사관은 SQS[16]라는 승조원 자격 부여평가를 받게 되고, 합격한 승조원에게는 잠수함 휘장을 수여하게 된다. 잠수함 승조부

16) SQS : Submarine Qualification System(잠수함 승조원 자격부여제도)

사관의 혜택은 장기복무 우선선발제도를 시행하고 있으며, 진급에 관련된 근무평정은 수상함보다 높은 등급을 부여받을 수 있다. 또한 수상함 보다 항해수당 및 승조자격 유지수당 등 월급과 별개의 수당이 풍족하여 경제적으로 혜택을 부여 받고 있다.

3. 특전(UDT/SEAL) & 잠수(SSU)

해군 특수전전단에 소속된 특전과 잠수 직별은 해군에서 특수작전과 해상 대테러, 폭발물처리, 구조작전등의 특수임무를 수행하는 부사관이다.

가. 특전(UDT/SEAL)

특전부사관은 해군분과규정상 참모총장이 지시하는 특수 직무를 수행하는 부사관이다. 이들의 임무는 해·육·공 전천후 특수작전의 임무와 해상 대테러 및 해양차단작전, 경호/경비 등의 임무를 수행한다. 또한 전방/취약해역 탐색 및 기뢰 탐색/처리 및 해·육상 폭발물처리 임무를 수행하고 있다. 특전부사관은 팀 단위로 운영되며 상사이상의 팀장을 주축으로 부팀장, 전방척후, 통신사, 자동소총수, 투척수, 후방척후 등의 임무를 부여받아 팀별 작전을 수행한다.

특전 부사관이 되는 방법은 강인한 체력을 바탕으로 양성교육을 12주 받고 전문화 과정인 특수작전(UDT/SEAL), 해상 대테러작전, 폭발물처리작전(EOD) 등의 세부전공을 부여받게 된다.

나. 잠수(SSU)

잠수부사관은 해양 재난 구조작전이나 항만 및 수로상 장애물 제거, 주요항만 개항유지, 상륙작전시 전투구조 임무를 수행하는 구조분야 전문 부사관이라 할 수 있다. 특히 잠수부사관은 군 구조작전 뿐만 아니라 민·관 구조작전을 다수 지원하였으며 해저 유물 탐사 및 인양 등 다양한 분야에서 활약하고 있다. 잠수부사관이 되기 위해서는 해난구조 초급반과정인 26주를 수료하면 해난구조대 휘장을 부여받고 잠수부사관으로 근무하게 된다. 잠수부사관은 특전부사관과 달리 함정근무를 하기도 하고, 함정은 잠수함구조함 및 수상함구조함에서 근무하고 있다.

4. 훈련교관(Drill Instructor)

해군이 되기 위하여 반드시 거쳐야 하는 기초군사 훈련소에서 근무하는 부사관을 훈련교관이라 부른다. 훈련교관은 부사관과 해군/해경 병, 상근예비역, 승선예비역, 신업기능요원 등 장교과정을 제외한 전 과정을 민간인에서 군인으로 전환하는 임무를 수행하게 된다. 훈련교관은 크게 두 분류로 나눌 수 있는데 중사이상의 훈련소대장과 하사의 훈련조교로 나눌 수 있다. 훈련소대장은 소대를 책임지고 교육훈련과 훈육을 책임지고, 훈련조교는 훈련소대장을 보좌하여 교육훈련과 훈육을 보조하고 각종 교육을 위한 사전준비를 하는 업무 및 훈련 집행 시 정확한 동작 및 절차를 시범 교육을 맡고 있다.

훈련교관이 되기 위해서는 1년에 1회 선발과정을 통하여 선발하고 있으며 훈련소대장은 중(고)급반 성적 상위 2/3 이상이거나 평균점수 85점 이상이고, 하사 임관 후 7년이 경과되어야 한다. 훈련조교는 초급반 성적이 상위 2/3 이상이거나 평균점수 85점 이상으로 하사 임관 후 해상경력 1년 이상이어야 한다. 선발하는 직별은 1직군(전투/기술별과 전 직별)과 보급, 의무, 행정 직별이 지원 가능하다. 선발 후 약 7주 교육을 받은 후 부사관교육을 담당하는 부사관교육대대 또는 신병 및 해경병을 교육하는 신병교육대대로 나뉘어 양성교육을 담당한다.

부록 4. 약장의 종류

1. 약장

상을 받았을 경우 상을 받았다는 표시로 정복이나 근무복 좌측상단에 부착하는 휘장을 의미하는 것으로 군 제복을 착용할 때 알록달록한 표시가 있는 것을 통칭하는 말이다.

훈장일 경우 동전 같은 메달에 옷에 걸 수 있는 리본 형태로 되어 있지만 약장은 해당 훈장이나 훈장은 아니지만 표창을 받은 자격을 나타내는 상징물이라 할 수 있다.

약장에 대한 격언을 찾아보면 더글러스 맥아더는 '군인에게 애인이란 총이고, 군인에게 돈이랑 자신의 훈장과 약장이며, 군인에게 명예란 자신이 군인이라는 것이다.'라고 하였다. 또한 나폴레옹도 '군인은 한 조각 색(色) 리본을 위해 목숨을 건 전투를 치른다.'라고 하였다.

이처럼 군인에게 약장은 상징적인 의미일 뿐만 아니라 목표가 되며 자랑이 된다.

2. 함정 포상기호

함정에도 표창이나 이와 유사한 상을 받게되면 함교 외부에 약장과 같은 기호를 도장하거나 마스트에 기류를 올려 표시를 한다. 크게 부대표창을 받거나 전투준비태세를 경쟁하여 우수한 함정에게 수여된다.

부대표창은 대통령, 국무총리, 국방부장관, 합참의장, 참모총장, 작전사령관, 함대사령관, 전단장급으로 나뉘어 표시를 하고 있다.

전비경쟁우수함[17]은 먼저 전단 또는 함대에서 평가하여 우수함을 선발하고 그 선발된 우수함이 작전사에서 최종 평가하여 최우수함을 선발하는 것으로 동일한 모양이지만 작전사 최우수함은 노란색 글씨가 되어있고, 함대나 전단급 우수함은 흰 글씨로 표시하고 있다. 전비경쟁 우수함의 종류에는 전투준비태세, 포술로 평가하고 그 외에 최장기 출동함에는 '출', 전투력 경쟁 우수함은 '전', 대잠전 최우수 전투함은 '대', 부대훈련 우수함은 '훈', 부대관리 우수함은 '관', 정비경쟁 우수함은 '정'이라는 표상기호를 통하여 표시하고 있다.

대 상	기 호	대 상	기 호
작전사 전비우수함	수	함대/전단 전비우수함	수
작전사 포술 최우수 전투함	포	작전사/함대/전단 포술 우수함	포
최장기 출동함 최장기 잠항 잠수함	출	전투력 경쟁 우수함	전
대잠전 최우수 전투함	대	부대훈련 우수함	훈
부대관리 우수함	관	정비경쟁 우수함	정

17) 전비경쟁우수함 : 전투준비태세를 경쟁하는 평가에서 우수등급 이상 받은 함정

3. 개인 약장

부사관이 근무 중 표창장을 받게 되면 그 표창의 수여자에 따라 약장이 수여된다. 뿐만 아니라 직책근무를 하게 될 경우에도 약장을 수여하고 있다. 부사관이 맡는 직책은 주임원사 약장이 있다. 또한 영예에 관련된 약장으로 위국헌신상, MIU상, 합동전문자격, 합참근무, 작전사 전비우수, 함대 전비우수, 전단 전비우수, 작전사 포술우수함, 함대 포술우수함 등 약장을 부착할 수 있다.

직책근무 약장

		해군
소대장		
주임원사	합참, 본부	
	장성급 부대	
	영관급 부대	

그 외 기장

적십자기장		적십자 회비를 낸 국군회원

장기근속 기념 기장

구분	약장	패용기준
근속 10주년		10년이상 근속한 군 복무자
근속 20주년		20년이상 근속한 군 복무자
근속 30주년		30년이상 근속한 군 복무자

부록 5. 국제 신호기

1. 국제 신호기

국제 신호기는 한 선박에서 다른 선박, 또는 등대나 신호소(信號所)에 통신 할 때 이용되는 세계 공통의 신호법인 기류신호(旗旒信號)에 쓰이는 기를 말하며 국적불문하고 육안거리에서 의사소통을 할 수 있도록 약속된 깃발이다.

함정에서는 조타사가 관리를 하고 있으며, 다른 직별에서는 업무에 관련된 기류가 게양되었는지 확인을 위하여 익히고 있다.

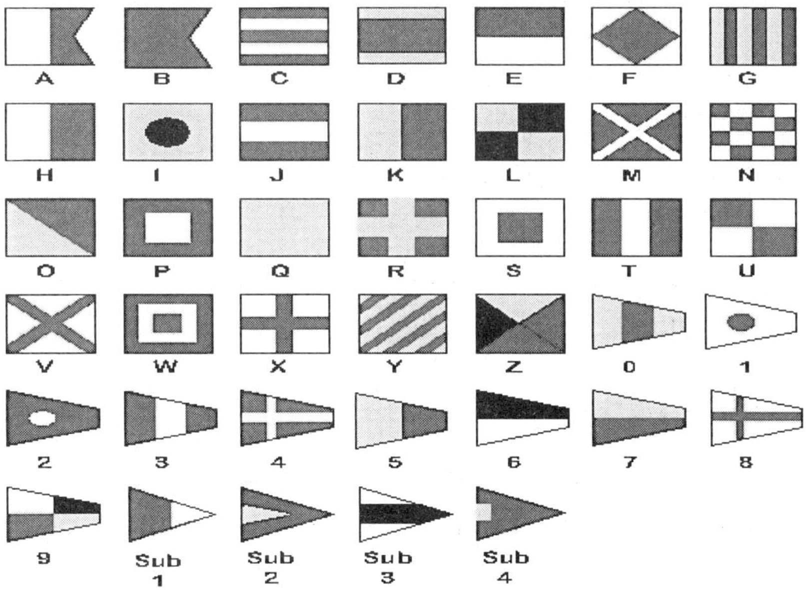

이러한 신호기는 우리가 일상적으로 사용하듯이 'HELLO'라고 적기도 하겠지만 게양을 함으로 인하여 상징적인 의미도 가지고 있다.

기류/호칭		의 미
A	Alpha	본선에서 잠수부가 활동중이다.
B	Bravo	위험물의 운반, 하역 중
C	Charlie	긍정
D	Delta	주의하라. 조종에 어려움이 있다.
E	Echo	오른쪽으로 진로 변경 중이다.
F	Foxtrot	조종불능이다. 본함과 통신하라.
G	Golf	도선사가 필요하다.
H	Hotel	도선사가 승선하고 있다.
I	India	왼쪽으로 진로 변경 중이다.
J	Juliett	화재발생, 위험물 적재 중. 본선을 피하라
K	Kilo	귀함과의 통신을 요구한다.
L	Lima	귀함을 즉시 정선하라.
M	Mike	정선 중이다.
N	November	부정
O	Oscar	바다에 빠진 사람이 있다.
P	Papa	출항 준비 중이다. 어망이 장애물에 걸렸다.
Q	Quebec	본함 승무원의 건강상 문제 없으며 검역요구.
R	Romeo	신호 확인
S	Sierra	기관을 후진으로 가동 중이다.
T	Tango	본선을 회피하라.
U	Uniform	귀함의 진로에 위험이 있다.
V	Victor	구원을 바란다.
W	Whiskey	의료 구호를 바란다.
X	X-ray	본함의 신호에 주의하라.
Y	Yankee	닻을 조작 중이다.
Z	Zulu	예인선을 요구한다.

위 의미 외에도 복합적으로 사용하여 의미를 나타내기 때문에 의미를 잘 확인을 하여야 한다. 복합적인 기류사용으로 나타나는 뜻으로 어마하게 많은 종류가 있기 때문에 해당분야에 대하여 필요한것만 기억을 하면 된다.

부록 6. 읽을거리

1. 미 해군 조직

미합중국 해군(United States Navy, USN)은 전 세계 해군 중에서 가장 규모가 큰 해군이며, 세계에서 가장 많은 항공모함을 보유하고 있다. 또한 미 해군은 미합중국 공군에 이은 세계 2위급의 항공 전력을 보유할 정도로의 군사력을 보유하고 있다.

미 해군은 전 세계를 경비구역으로 설정하여 함대군사령부로 서대서양을 관리하는 제2함대사령부, 태평양은 동서로 나누어서 동쪽은 제3함대사령부, 서쪽은 제7함대사령부, 남아메리카부근은 제4함대사령부, 중동지역은 제5함대사령부, 지중해지역은 제6함대사령부로 나누어서 경비를 하고 있다. 또한 이와 별도로 해군 특수전사령부도 운영하고 있다.

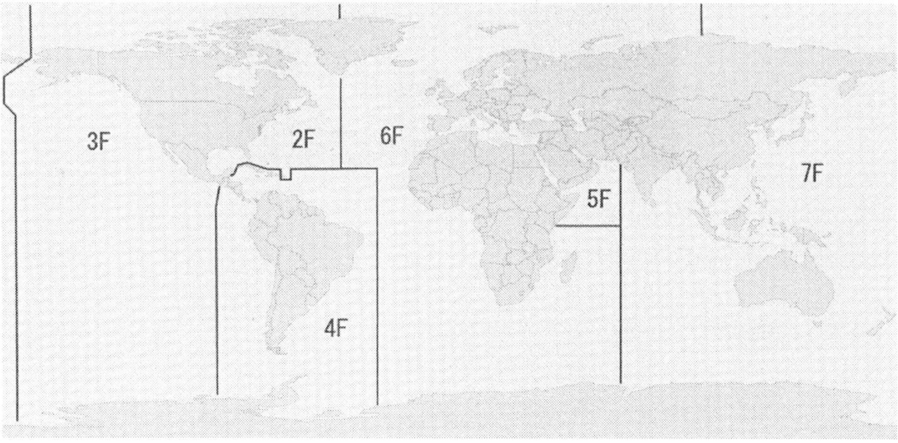

2. 해군 청해부대

소말리아 해역은 세계적인 해상교통로의 중심지로 우리나라의 해상물류의 약 1/3정도가 지나갈 정도로 중요한 곳이다. 또한 소말리아의 사회체제 붕괴로 인하여 경제는 망가졌다. 그리고 국가 내전으로 국가산업이 초토화되어 유일한 어부 업으로 생활을 유지하는 것도 힘들어짐에 따라 생활을 위하여 해적질로 전환을 하게 되었다. 이에 UN은 2008년 10월 안보리에서 결의안 1838을 채택하여 소말리아 해적을 저지할 군사력을 요청하게 되었다.

이에 우리나라도 충무공이순신급 구축함을 파병하기로 결정을 하고, 2009년 3월 1진으로 문무대왕함을 시작으로 청해부대를 결성하였다. 청해부대는 'CTF-151'이라는 연합해군 함대에 배속되어 활동하고 있다. CTF-151 연합함대는 4~6개월 간격으로 지휘관이 교대되며, 참가국은 20여개국이 참여하여 연합 함대로 구성하여 활동 중에 있다.

3. 제1, 2연평해전, 대청해전

가. 제1연평해전

1999년 6월 15일 서해 연평도 인근 해상에서 북한 해군의 도발로 일어난 교전이다. 우리측 병력은 포항급 초계함과 참수리급 고속정이 참전하였으며, 북한측 병력은 청진급 경비정, 신흥급 어뢰정, 상하이-2급 경비정, 등산곶 경비정, 대청급 경비정이 참전하였다. 피해상황은 우리나라는 7명 부상을 입었고, 참수리급 고속정 2척이 파손을 입었다. 북한의 피해는 20명 전사, 30명 부상, 북한 경비정 1척 침몰 및 5척 파손을 주었던 해전이다. 결과는 우리나라 해군이 승리한 해전이다.

나. 제2연평해전

제1연평해전이 있고 3년후 2002년 6월 29일 서해 연평도 부근 북방한계선(NLL)인근에서 일어난 교전이다. 우리측 병력은 포항급 초계함 2척과 참수리급 고속정 6척이 참전하였고, 북한측은 등산곶 경비정 1척, 육도 경비정 1척이 참전하였다. 우리측 피해는 참수리 357호정 침몰 및 전사 6명, 부상 18명이고, 북한측 피해는 등산곶 684호정 파손, 전사 13명, 부상 25명이다. 결과는 우리나라 해군이 승리한 해전이 되겠다.

다. 대청해전

대청해전은 2009년 11월 10일 서해 북방한계선(NLL) 이남 대청도 인근 해상에서 발생한 3번째 교전이다. 참여한 병력은 우리측은 울산급 호위함 1척과 참수리급 고속정 4척이었고 북한측은 상해-1급 경비정 1척이 참전하였다. 피해상황으로는 우리측은 인명피해 없으며 고속정 외부격벽에 15발 탄흔이 전부였고, 북한측은 8명 전사, 경비정 반파로 우리나라 해군이 승리한 해전이 되겠다.

4. 천안함 피격사건

가. 천안함(PCC-772)

천안함은 대한민국 해군 포항급 초계함이다. 1987년 건조하여 1989년 취역하였으며 2함대에 배치한 함정이었다. 2010년 3월 26일 21시 22분 백령도 남방 2.5km 지점 서해 NLL 경비 임무 중 북한 해군의 어뢰 공격으로 침몰하였다.

나. 천안함 피격사건

2010년 3월 26일 백령도 인근 해역에서 경비임무 중이던 천안함이 북한의 어뢰공격에 의하여 침몰한 사건이다. 북한의 연어급 잠수정의 공격으로 추정하고 있으며 천안함은 격침되고, 46명의 천안함 장병이 전사하고 이를 구조하기 위한 작전 중 한주호 준위가 순직한 사건이다.

피격 이후 주변에서 작전중이던 포항급 초계함인 속초함(PCC-778)과 백령도 인근 참수리급 고속정, 해경함 등 구조를 하여 58명이 현장에서 구조하였지만 46명이 전사하였다.

천안함은 가스터빈실 좌현 하단부에서 음향자장복합감응어뢰의 수중 폭발에 의하여 선체중앙부가 절단되어 침몰하였다.[18]

18) 당시 민군 합동조사단의 발표

5. 아덴만 여명작전

2011년 1월 15일 소말리아 해역에서 해적에게 피랍된 1만톤급 화물선인 '삼호 주얼리(SAMHO JEWELRY)호'가 피랍되어 이를 구조한 작전이다. 아덴만 여명작전은 우리나라 선박과 국민을 보호하기 위하여 우리나라 군인이 외지에서 성공적으로 구출한 사건으로 기록되어 있다.

피랍당시 선장이었던 삼호 주얼리호의 석해균 선장은 선원들을 상선의 안전실인 대피소로 피신을 시켰으나 해적들에게 발각되어 해적들에 의하여 소말리아로 끌려가게 되었다. 이러한 상황을 보고받은 대통령은 청해부대 지휘관인 조영주대령에게 구출작전을 시행하라고 명령하게 되었다.

작전은 새벽 4시 58분 해가 뜨는 시간에 맞추어 시작하여 9시 56분에 종료되었다. 충무공이순신급 구축함(최영함)이 위협 함포사격과 링스 헬기를 이용한 중기관총 사격으로 해적의 시선을 끌었으며 그 사이 고속단정에 UDT/SEAL 대원이 삼호 주얼리호에 접근, 승선하여 해적을 제압하였다. 제압하는 과정에서 해적 8명 사살 및 5명 생포하였고 승조원이었던 한국선원 8명, 미얀마인 11명, 인도네시아인 2명 등 21명을 구출하였다.

참 고 문 헌

- 김수창, 『대학 부사관과 학생의 리더십』, 진영사, 2014.
- 김영균, 『교수법에 길을 찾다』, 상상채널, 2012.
- 대한민국해군, 『해군이 걸어온 길 나아갈 방향』, 국군인쇄창, 2015.
- 미 해군사관학교 교수부, 『해군리더십(초급장교를 위한)』, 연경문화사, 2011.
- 윤명철, 『한국해양사』, 학연문화사, 2003.
- 장현민, 『Chevron을 단 군인 부사관』, 북랩, 2015.
- 장훈, 『대한민국 해군 전투함』, 디펜스타임즈, 2015.
- 정재극 · 이진영, 『부사관 실무론』, 진영사, 2013.
- 허홍범 · 한종엽, 『세계를 움직인 해전의 역사』, 지성사, 2008.
- 해군본부, 『해군 핵심가치 지침서』, 국군인쇄창, 2017.
- 해군본부, 『해군의 중추 부사관 복무지침서』, 국군인쇄창, 2015.
- 해군잠수함사령부, 『잠수함에 대한 이해_100문100답』, 국군인쇄창, 2017.

박영광

경력사항

해군 부사관 207기 임관(예, 중사)
- 함정근무 9년, 육상근무 2년

(현) 경기과학기술대학교 해군 부사관학군단 교수

학력사항

해군교육사 전투병과학교 갑판초급반 및 갑판중급반 수료
경희사이버대학교 관광레저경영학과 졸업(관광학학사)
경희사이버대학교 호텔관광대학원 관광레저항공 MBA과정(관광경영학 석사과정)

자격사항

국방전직교육원 주니어사관(JROTC) 지도사
항해사 5급, 소형선박조종면허
동력수상레저기구조종면허 1급
일반행정사, ITQ OA Master